WUJIANG LIUYU SHENGTAI YUYE FAZHAN YANJIU

乌江流域生态渔业发展研究

巴家文　李忠利　梁正其◎著

中国农业科学技术出版社

图书在版编目（CIP）数据

乌江流域生态渔业发展研究 / 巴家文 , 李忠利 , 梁
正其著 . — 北京 : 中国农业科学技术出版社 , 2020.5
　ISBN 978-7-5116-4693-4

　Ⅰ . ①乌… Ⅱ . ①巴… ②李… ③梁… Ⅲ . ①乌江—
流域—渔业经济—经济发展—研究 Ⅳ . ① F326.4

　中国版本图书馆 CIP 数据核字 (2020) 第 060955 号

责任编辑	李冠桥
责任校对	马广洋
出 版 者	中国农业科学技术出版社
	北京市中关村南大街 12 号　　邮编 : 100081
电　话	(010) 82109705（编辑室）　(010) 82109704（发行部）
	(010) 82109709(读者服务部)
传　真	(010) 82106625
网　址	http://www.castp.cn
经 销 者	各地新华书店
印 刷 者	北京建宏印刷有限公司
开　本	787mm × 1 092mm　1/16
印　张	11
字　数	202 千字
版　次	2020 年 5 月第 1 版　2020 年 5 月第 1 次印刷
定　价	56.00 元

前 言

渔业的发展与人类文明的发展具有紧密的联系，当前我国在使用渔业自然资源上存在着严重的问题，一方面，是对自然水产资源的过度利用而造成的生态失衡，这就导致了鱼越捕越少，质量也越来越差，不仅使得生殖群体提前成熟，也让捕捞小型化、低质化趋势日益显著，这是原始生物资源破坏后，次生生物资源又遭到破坏的表现。另一方面，渔业技术与渔业管理比较落后，管理方法不配套，带来的结果是经济效益低，生态平衡破坏。此外，由于不重视宏观经济效益，一些地区存在大面积的水域污染。尤其是大中城市附近的江、河、湖、海沿岸水域的水质恶化，使优质水生生物失掉了原来生存的条件，导致大量耐毒性生物种类出现。这些耐毒性物种的毒性聚集达到一定程度后，将会给人们带来危害。

渔业生态学是水产资源学或渔业生物学的深入和发展，自 20 世纪 80 年代以来已成为十分活跃的渔业学科之一。1981 年，在美国马萨诸塞州召开了世界渔业生态学会议，并出版了会议文集；翌年，英国北威尔士大学的 T.J. 皮切尔等人出版了渔业生态学专著。从而大大推动了本学科的迅速发展。宏观分析其发展原因大致有二：其一，是生态科学的发展与渗透。从 20 世纪 50 年代起，生态学就已发展成为一门成熟和富有生命力的科学。进入 20 世纪 70 年代后期以来，它不仅成为当代最活跃的前沿科学之一，一些十分重要的生态学观点还深入自然科学和社会科学的许多领域，同样也渗透到渔业科学。这就为渔业生态学的形成和发展奠定了坚实的基础。其二，是渔业实践的要求。当今，在强大生产力作用下的世界渔业使传统经济鱼类资源逐渐走向衰退，停滞不前的鱼产量不能适应世界人口日益增长的需求，矛盾日趋激化。如何解决这一矛盾？应采取什么策略才能使渔业资源逐步恢复，使鱼产量逐步增加？这就需要弄清楚渔业生物的生态学规律。这便是渔业生态学得以发展的重要原因。

乌江作为贵州省的第一大河，是长江上游的右岸支流，古时候称为黔江，其发源地为贵州威宁县香炉山花渔洞，流经 103.7 万米，最终注入长江。乌江的流域面积将近 9 万平方千米，流域面积甚广，且较大支流有 15 条之多，流域地势东北低、西南高，高差较大，并且切割性强，使得乌江流域自然景观垂直变化明显，流域内生物物种丰富多样。这些是乌江流域沿岸渔业发展的重要自然因素。

生态环境对渔业发展的重要性不言而喻，本书首先阐述了乌江流域渔业生态的历史发展，然后对乌江流域鱼类结构、群落以及鱼类资源进行了分析和介绍，并在此基础上对生态渔业的基本理论和育苗创新技术进行了研究。为了让生态渔业养殖获得更进一步发展，本书还对渔业养殖的疾病防控技术进行了讨论，最后根据现代经济的发展规律以及实际生态环境，提出了与乌江流域现代生态渔业相适应的发展对策。希望通过现代先进技术以及生态理念，让乌江流域渔业走向一条生态、高效的可持续发展道路。

作　者

2020 年 1 月

目　录

第一章 乌江流域渔业生态发展概述

第一节 乌江流域渔业发展史

一、渔业发展简史

一部人类的文明史，似乎紧紧地和渔业联系在一起，乌江流域的渔业史也不例外。在漫长的历史过程中，乌江流域渔业的发展大致可划分以下几个主要发展阶段。

（一）原始时期

1. 原始时期生存状态简介

原始群时期是原始社会的初级阶段，古人类学上称为猿人和古人的阶段。这个时期，我们的祖先刚刚和动物界告别，他们以血缘为纽带聚众群居，依靠群体的力量获取一些生活资料和抵御猛兽的进攻。整个原始群时期，又相当于民族学上人类蒙昧时代的低级阶段和中级阶段。恩格斯在《家庭、私有制和国家的起源》中曾从世界范围论述过这两个阶段的情况，特别是中级阶段食用鱼虾贝类对人类历史发展的贡献。恩格斯说："低级阶段，这是人类的童年。人还住在自己最初居住的地方，即住在热带的或亚热带的森林中。他们至少是部分地住在树上，只有这样才可以说明，为什么他们在大猛兽中间还能生存。他们以果实、坚果、根茎作为食物，分节语的产生是这一时期的主要成就。""中级阶段，从采用鱼类（虾类、贝壳类及其他水栖动物都包含在内）作为食物和使用火开始。这两者是互相联系着的。因为鱼类食物，只有用火才能做成完全可吃的东西。而自从有了这种新的食物以后，人们便不受气候和地域的限制了；他们沿着河流和海岸，甚至在蒙昧状态中也可以散布在大部分地面上了。石器时代早期的粗制的、未加磨制的石器，即所谓旧石器时代的石器（这些石器完全属于或大部分部属于这一阶段）遍布于一切大陆上，就是这一移居的证据。"

从热带或亚热带的森林中，扩大移居到地球上的一切大陆，这就是鱼虾贝类这种"新的食物"对人类童年的巨大贡献。

人类总的情况如此，那么，中华民族的祖先及其捕鱼活动是怎样开始的呢？

我国人类的历史，在距今 10 万年前的元谋人时期已经开始。1965 年，在云南省元谋县发现了两颗古人类牙齿化石，专家鉴定，牙齿的主人已不再属于猿类。发现地是一个盆地，位于金沙江边，并有龙川江流贯其间。从地理环境看，确是一个适宜捕食鱼类为生的好地方。元谋人之外，还发现有陕西省蓝田县的蓝田人（距今 80 万至 60 万年），北京周口店的北京人（距今 70 万至 20 万年），广东省曲江县的马坝人和山西省襄汾县的丁村人（距今 20 万至 10 万年）。

元谋人是猿人阶段的早期代表，其遗物中有粗制石器，带人工痕迹的动物骨片。蓝田人和北京人的遗物中，除石器之外，还有骨器和木棒。可以肯定我们的祖先在以果实、坚果为食之后，开始是徒手抓鱼，接着就是使用石器、木棒砍鱼。猿人时期，人的手臂较长，利于捕捉鱼类。《山海经》记载有一种长臂人可以入水单手捕捉鱼类，上岸时能两手各抓一条大鱼。用木棒砍鱼，则一直延续到近代。现代考古人员曾在云南和四川省交界地区看到当地的纳西族和普米族人，每年春季桃红柳绿之际，便利用鱼群到河流浅滩产卵的机会，用木刀砍鱼，在没有木刀的情况下，便使用木棒。纳西族和普米族人砍鱼的情形，称得上是刀（棒）不虚发，每砍必中。

在马坝人和丁村人的遗物中，石器种类增多，出现了刮削器、砍砸器、石球等，其中的砍砸器既可用于打猎，也可用于捕鱼。古文献记载，原始群时期之末，出现有渔猎并用的原始网罟。在元谋人的洞穴中，有用火的痕迹，北京人不仅使用天然火，而且能够保存火种，掌握了对火的控制使用。这种情况的出现，为捕食鱼类提供了更加有利的条件。

由于时代的遥远，原始群时期人类的遗物发现很少，但在古代文献中，却保存了一些非常珍贵的记述。如《韩非子·五蠹》说："上古之世，人民少而禽兽众，人民不胜禽兽虫蛇。有圣人作，构木为巢以避群害，而民悦之，使王天下，号之曰有巢氏。民食果蔬蚌蛤，腥臊恶臭而伤害腹胃，民多疾病。有圣人作，钻燧取火以化腥臊，而民悦之，使王天下，号之曰燧人氏。"《易·系辞》说："古者，包（伏）羲氏之王天下也……做结绳而为网罟，以佃以渔。"

猎鸟兽为佃，捕鱼鳖为渔。这些记述，科学地反映了我国原始群时期的人类生活。

2. 母系氏族公社时期的捕鱼活动

母系氏族公社是原始社会的高级阶段，在古人类学上它已结束了猿人和古人阶段，进化到了和现代人基本相同的新人阶段。这个时期，由于经验的积累，智力的提高，人们逐渐由男女杂交走上族外婚或"普那路亚"婚姻形态，即不同氏族之间的同辈男女互为夫妻（各有一个主要配偶）。这时女性处于支配地位，世系从母系计算，财产由母系继承。

母系氏族公社时期，打猎、捕鱼和手工制作领先发展，家畜饲养和农业种植相继出现。

在我国发现的母系氏族公社时期的人类化石，有广西壮族自治区柳江县的柳江人，北京市周口店的山顶洞人，东北三省、内蒙古自治区、宁夏回族自治区等地的细石器文化，河南省渑池县的仰韶文化，浙江省余姚县的河姆渡文化。

山顶洞人的生活时间，距今5万年到18 000年，遗物中有鱼骨、蚌壳等大量动物化石。其中一块草鱼骨钻有小孔，用赤铁矿粉涂成红色，说明山顶洞人不仅过着渔猎为主的生活，而且产生了爱美观念，把鱼骨制成了饰物。

细石器文化（以细小的打制石器为特征）中，有一处黑龙江昂昂溪遗址，出土物中有骨制鱼镖、骨制枪头。鱼镖是投掷工具，是砍砸器的继续和发展。鱼镖中有一种带索镖，又称脱镞镖，即镖头系有绳索，击中目标后可以利用绳索控制，把鱼捕捉上岸。我国不少民族的先人，都使用过这种带索镖。带索镖的出现是一个不小的进步，它比较灵活，对击中的目标可以"遥控"，寒冬或江河险处捕鱼，可以不用下水。

细石器文化属新石器时期。在它之前，山西省朔县峙峪一个旧石器晚期的遗址，还出土过石镞，即石制箭头。当时的弓箭，也是"以佃以渔"。反映原始社会人类生活的《易》的卦辞中，就有"井谷射鲋"的文句。

仰韶文化有一处著名的西安半坡遗址，出土有骨制鱼叉、鱼钩和石制网坠。同砍鱼、镖鱼、射鱼相比，钓鱼又是一种进步。不过，最初的钓鱼并不使用鱼钩。"太公钓鱼，愿者上钩"——人们把奴隶社会末期姜尚用直钩钓鱼讥为笑谈。其实，直到20世纪40年代，云南省金平县的苦聪人妇女钓鱼，依然不用鱼钩。她们的钓法是：钓竿系一麻绳，绳端系上蚯蚓，钓时竿儿插在岸边，蚯蚓抛在水中，鱼群游来吞饵，立即猛拉钓竿。此时，不仅能够拉鱼出水，而且还能准确地把鱼甩进身旁的竹篓里。苦聪妇女的这种钓鱼绝技，同钓鱼在母系氏族时期出现，可能有着一定的内在联系。

半坡遗址出土了许多彩陶——画有红色、黑色花纹的陶器。花纹中有单体鱼纹、双体鱼纹，甚至还有人面鱼纹。人与鱼的结合，说明鱼不仅作为美的原型进入了艺术创作领域，而且在半坡氏族那里，鱼还可能是她（他）们的原始图腾。

河姆渡文化的河姆渡遗址，是一个先进典型。出土有青、鲤、鲫、鲶、黄颡、鸟鳢等大量淡水鱼骨和鳍刺，还有中华鳖、乌龟、无齿蚌。尤其令人瞩目的，是出土了两件木桨。《易·系辞》说："伏羲氏刳木为舟，剡木为楫。"恩格斯说："火和石斧通常已经使人能够制造独木舟。"桨的出现，证明了这些记述和论说。河姆渡文化时期，我们的先人已经具有水上捕鱼能力了。

母系氏族公社时期，人们也在海边抓鱼、镖鱼、多人张网下水捕鱼，可能还有射鱼，但主要手段还是采食贝类。至今在我国沿海地带，北起辽宁，南至海南岛，留置着无数的贝冢或贝丘——人们食后弃置的贝壳堆积如冢如丘。最大的贝丘，如辽宁省长海县小长山贝丘，长500米，宽300米，厚处2.5米。由于地区不同，贝丘的构成也不同。渤海黄海沿岸的贝丘，主要是蛤蜊、鲍、海螺。东海沿岸的贝丘，以牡蛎、小水晶螺为主。南海船岸的贝丘，则以牡蛎、海蛏、魁蛤为多。这些数量众多的贝丘，是沿海先民生活的记录，也是《韩非子·五蠹》民食蚌蛤的物证。

3. 父系氏族公社时期的渔业

生产力的不断提高，生产领域的逐渐扩大，特别是劳动复杂化和劳动强度增大，男性劳动者由于生理条件的优势，逐步在生产和经济生活中占有了支配地位。与此相适应，财产支配、继承和婚姻形态，也都发生了巨大变化：妻子从夫而居，世系由父计算，财产由父系继承。

父系氏族公社时期，捕鱼、打猎、手工、家畜饲养、农业种植等都在迅速发展。

在我国发现的父系氏族公社时期的文化遗址，数量很多，分布范围很广，著名的有山东省章丘县的龙山文化、泰安县的大汶口文化，浙江省余杭县的良渚文化、甘肃省广河县的齐家文化。在众多的文化遗址中，渔的遗址很多，特点鲜明，反映了捕鱼活动蓬勃发展的情景。

如果说母系氏族公社时期半坡遗址出土过石制网坠，那么父系氏族公社时期网坠的出现已如雨后春笋。就全国的出土情况看，山东省的临沂县和烟台市、福建省的闽侯县、四川省的忠县、江西省的清江具和修水县、江苏省的吴县等，都发现了这一时期的石制网坠和陶制网坠。就是说，父系氏族公社时期，全国几乎从南到北，从东到西，都在使用有坠渔网捕鱼了，这能反映很多信息。原始社会时期，由于生产工具简陋，生产力水平非常低下，一个劳动者所得，不能保证自身最低的生活所需。加上疾病、战争，人们只能在极度艰难和野蛮状态中生活（人吃人的行为常常发生）。而有坠渔网的普遍使用，有助于这种情况的迅速改变。有坠渔网大大提高了原始网罟的技术性能，使它增加了在水中运动的速度，产生了张力、合力和压力，从而把镖鱼、钓鱼等捕鱼方式的渔获量（一次只能捕获一个个体），一下子提高几倍、十几倍、几十倍，大幅度地提高了生产力水平。也就是说，有坠渔网的使用，使一个捕鱼者生产所得除了维持自身生活需要之外出现了剩余——这是奴隶制社会诞生的基本条件之一。这种情况的出现，必然有力地推动生产关系的变化，推动整个社会的向前发展。因此可以说，有坠渔网的普遍使用，是原始社会生产活动的一次技术革命。

伴随着渔网的普遍使用，还出现了非常技巧的定置渔具。杭州水田畈遗址出土的鱼筌就是一种。它用竹篾编成，形如圆锥，顶端封死，开口处装倒须漏斗。使用时放置于小河岔口，鱼顺水进入，便不能出。这个鱼筌，反映了父系氏族公社时期人们智力的迅速发展。

原来处于后进状态的海洋捕鱼活动，父系氏族公社时期也在急起直追。山东省胶县一处胶州湾滨海遗址，属于大汶口文化。在这里出土了大量食后弃置的海鱼骨骼。经鉴定，绝大部分是梭鱼、鲚和蓝点马鲛，这些鱼类游动快、性凶猛。遗址北邻，属于龙山文化的庙岛列岛黑山岛北庄遗址，出土了木石结构的碇，以及石制和陶制的网坠。碇是系舟的器物，有舟才会有碇。不言而喻，碇和网坠的发现，对于上述海鱼的捕获手段，作出了令人信赖的说明。看来，父系氏族公社时期，海洋捕鱼活动也发生了飞跃，我国早期的海上渔场在黄海、渤海上出现了。

恩格斯把弓箭的出现，作为蒙昧时代高级阶段的标志。他说："由于有了弓箭，猎物便成了日常的食物，而打猎也成了普通的劳动部门之一。弓、弦、箭已经是很复杂的工具，发明这些工具需要有长期积累的经验和较发达的智力，因而也要同时熟悉其他许多发明"。道理相同，舟、有坠渔网、鱼筌，这些也是很复杂的工具，有了这些工具，鱼类也会成为人类更加丰富的食物，捕鱼活动也就发展成为一个重要部门。

生产的发展，推动着社会的前进。父系氏族公社变成了农村公社或农村部落（一个氏族的聚居地被不同氏族的一夫一妻家庭聚居所代替），独立的部落，又发展成部落联盟。大约在尧舜时期，我国的原始社会开始解体，古代国家机器破土萌芽。古文献记载，尧为部落联盟领袖，年老时，经四岳十二牧会议同意，选举舜为接班人。舜名重华，原是有虞氏的部落长（活动据点在今河南虞城北）。他能耕、能陶、善渔。《韩非子·难一》记载："河滨之渔者争坻，舜往渔焉。期年而让长"。舜接任部落联盟领袖之后，根据当时生产发展和社会进步的情况，开始在部落联盟领导机构中分设了司空、稷、司徒、共工、虞、秩宗等官职，其中的虞，负责管理山泽，也就是管理打猎捕鱼。就是说，原始国家机构一出现，就设有渔业管理部门。第一位主持虞的工作的人，叫益。《史记·五帝本纪》说："益主虞，山泽辟。"益对渔业的发展，作出了重要贡献。

（二）夏、商、周代

春秋至秦统一中国，是渔业发展的初期。渔业的出现，标志着捕捞技术有了初步发展。亦如《左传记事本末》所说："通渔盐之利，国以殷富，士气腾满。"足见发展渔业已成为当时诸侯国家的富国强兵之策，渔业产品也已成为当时社会的重要的贡品和商品。

（三）秦至清代

这是中国渔业史的主要阶段，但也正如沈同芳（清代）的《渔业历史》中指出"秦汉以降，幅员渐广，濒海水产之利，详于盐而略于鱼，业鱼者类穷海荒岛之民"。这说明了秦统一中国以后，幅员辽阔，渔业已是沿海农业的一种"副业"。渔民在极端穷困的条件下发展渔业生产，且渔具渔法也有了很大发展，但历代统治者都不重视渔业，漫长封建制度的统治，束缚着生产力的发展，渔业也如同其他事业一样不能得到应有的发展。

（四）清末至新中国成立

19世纪中叶以后，西欧资本主义国家的渔业已进入机轮捕鱼时代，由于半封建、半殖民地枷锁的束缚，我国渔业生产的发展十分缓慢。但在第一次世界大战到抗日战争爆发前的一段时间里，由于列强纷争，无暇东顾，我国的渔业也像其他民族工商业一样得到长足发展。

二、乌江流域渔业科学的发展与渔业生态学

（一）乌江流域渔业科学的发展

渔业科学伴随着渔业生产而发展，远古先民就已开始在渔业活动，其中包括对贝类的分布和采拾季节等许多生态知识的了解，同时也包括了对其生长规律的掌握。尽管历代的古书中也有许多，但真正的渔业科学的发展还只是近百年的事情。它首先从渔业生物的分类研究开始。

鱼类生态学方面。1949年后随着渔业生产的发展，结合对渔场的调查，先后对鲐鱼、小黄鱼、大黄鱼、鳕鱼、对虾、毛虾等主要经济鱼虾类的个体及种群生态学都进行了较系统的分析研究工作，取得一批有意义的科学成果。

　　渔业学方面的调查研究在中华人民共和国成立前亦属空白。中华人民共和国成立后，由于国家的重视和渔业工作者们的共同努力，从 1953 年开始，先后对各主要经济鱼类的特征进行了系统调查。

　　当前正在开展的区域性渔业综合调查及渔业区期调查，是过去渔业调查的继续，其研究成果无疑对合理利用渔业资源，开展资源增殖将具有重大意义。处在今日以学科相互渗透为特征的边缘科学飞速发展的形势下，渔业科学必将深入发展。最终阐明乌江流域渔业生态学规律，将乌江流域渔业发展推向更高阶段。

（二）生态学与渔业生态学的一般含义

　　鉴于渔业和生态学之间存在的密切关系，渔业生态学从范畴上说又是应用生态学的一个领域，而今对它的含义在认识上却尚有不甚一致之处，故笔者拟就生态学与渔业生态学的一般含义作如下阐述。

1. 生态学

　　在研究如何对付当今世界所面临的人口膨胀、粮食短缺、环境污染、能源匮乏的现实和潜在威胁的时候，生态学随之崛起，并成为十分活跃的科学领域。由于研究者所从事的专业及侧重点不同，对生态学的认识及给予的定义也不一致。如生物学家自然把生态学看成是生物学的一个分支；环境学者则认为生态学属于环境科学；数学家又说："生态学的本质是一门数学"；而在社会学者的眼里，生态学则是社会学的一个领域……但比较公认的含义仍是海克尔提出的"生态学是研究有机体和环境相互关系的科学"。

　　然而，随着社会的进步，生态学的内涵不断丰富，它的概念也在发展，如奥德姆说"生态学是生物集团即种群和群落的生物学"；克雷布斯更严格地指出"生态学是决定生物分布和数量相互作用的科学研究。"在研究阶层上也从个体、种群生态学向群落、生态系深化。总之，由于生态学既包括生物学的内容，又涉及地学、环境科学以致生物经济学和社会学的领域。因此，它是一门综合性的科学。

2. 渔业生态学

　　渔业生态学即捕捞鱼类的生态学。从 1981 年美国马萨诸塞州召开渔业生态会议后，在我国正式开始沿用。据笔者理解，它在含义上与通常使用的"水产资源学"或者"渔业生物学"等都同属于以渔业为对象的水产动植物资源科学体系，是渔业科学的一个主要领域。它的基础是生物学，其主体是建立在渔业观点上的水产资源生物的生态学。王贻观教授也指出："水产资源学是研究鱼类资源和水产动物群体生态的科学……"但要给它以公认的概念性的定义是不容易的，而且意义也不太大，因为时至今日什么叫"水产学"都未必能有统一见解。况且，在渔业生态学的历史沿革中就曾先后使用过"渔业研究""渔业生物学""渔业科学""水产资源学"等名称，含义亦不甚统一，且越是晚近的新著中，内涵也愈亦丰富，新概念仍在发展。如川崎健认为："水产资源学是为合理进行渔业生产提供科学基础，是应用生态学的一个领域。而所谓合理渔业生产，实际就是最优化社会学的概念。其生产系统也不仅仅是单纯技术，而是政治、经济、行政等的综合战略。"张其永、刘建康等对渔业生态学也有近似论述。

总之，当前所谓渔业生态学成水产资源学业已提高到某种社会生态体系的高度上加以考察，这里尽管诸学者的用语不一，但大家都认为，在自然变化和人为压力下，水产生物如何作出反应，是该学科的主要研究内容。由于其中包含了人为捕捞的问题，所以，它不仅仅是基础生态学，而是应用生态学。笔者认为，尽管渔业生态学与水产资源学、渔业生物学相互联系，含义近似，以致难以给予明确的界限而经常混同使用，但按通常沿用习惯可以简单归纳如下：渔业生物学，一般较多停留于渔业对象的生活史或自然史的描述；水产资源学，系偏重于渔业对象种群动态与测报的研究；渔业生态学，则更多着眼于渔业生物与环境、种间关系、能量流与动态机理的探讨。

（三）乌江流域渔业展望与渔业生态学的任务

中华人民共和国成立以来，由于生产关系的变革，解放了生产力，乌江流域渔业在国家发展渔业政策和经济扶植下得到迅速恢复和发展，产量不断提高。20 世纪 50 年代初期的"休渔效应"，由于生产力水平低下，所以随着船、网、马力的增加，产量在一定程度上也随之提高，这阶段大致在 20 世纪 60 年代初已达高峰。之后的 60 年代，生产力在继续发展，传统底层经济鱼种开始衰退。20 世纪 70 年代，生产力继续在高速增长，底层经济鱼类资源开始全面衰退，代之以更替频繁的鲱、鲐、鲳等中上层鱼种。20 世纪 80 年代，生产力的发展虽有所控制，但失控的资源组成已让位给小型杂鱼等鱼类，经济渔业资源陷入衰退的恶性循环之中。长此以往，一场严重的渔业生态危机将威胁乌江流域渔业的前景，威胁乌江流域渔民的生计……在这种情景下，可供选择的策略有两种。

其一，严格控制渔业生产力，全面加强渔业繁殖保护的管理，切实有效地开展资源增殖。这里控制生产力是前提，因为如今乌江流域经济渔业资源衰退的主要原因是生产力过剩引起捕捞过度，即渔业生产力已超过资源的再生补充能力。因此，如不严格控制渔业生产力，其他措施将都是徒劳的。

加强繁殖保护是恢复资源的基础，因为生物资源系属于再生性资源，如果由于捕捞而缺乏足够的亲体繁衍后代，将导致补充型捕捞过度；同样，如果渔业生产大量损害了幼鱼，则将产生生长型捕捞过度。总之，通过严格执行禁渔期、网目尺寸、捕捞规格以及环境保护等一整套繁殖保护法规是恢复乌江流域资源和保持渔业资源良性循环的基础。

其二，积极开展乌江流域鱼类增殖是提高渔业资源"质"和"量"的重要措施，因为选择性捕捞的效果通常将导致水域群落结构的变迁，水域产品质量下降，这些措施往往难以收到预想效果。因此，如果能结合人工移殖和增殖放流经济鱼虾，定向改造群落组成，则将对提高渔产品的产量和质量起重要作用。当然这会随着社会经济和科学技术的发展，特别是渔业生态学的发展方收到成效。如果我们执行这项策略，那么乌江流域渔业渔产品的质量、经济鱼虾的比例将会有较大提高，经济效益定会显著提高，乌江流域渔业将长盛不衰。

相反，如果听之任之，不用很久，乌江流域将像一些渔民所说的那样："好鱼消失，小鱼充斥，小蟹横行，小虾当家。"一副渔业萧条的景象摆在面前，我们不愿看到这种结局。在这场为提高水域生产力和维持水域生态平衡的斗争中，渔业生态学的研究任务是：

水域环境的特征变量与鱼类种群数量及分布的关系。

水域生产力的类型与大小。

主要经济鱼虾类的生态学特征及其种群动态。

水域群落结构的基本特征。

种间关系（特别是食物网联系）及能量传递。

多种群动态的研究。

增殖对象的选择及增殖措施的确立。

繁殖保护法规的渔业生态学基础的研究。

乌江流域区渔业管理的生态学基础。

总之，从量和质的观点上研究维持和培殖水域中的经济水产动物资源的基础，是渔业生态学的中心任务。

当前，我国乌江流域渔业生态学的研究工作，仍多停留于种群生态学和局部水域群落生态学特征的描述，一些主要经济鱼虾的资源评估与预报虽已取得重要成果，但对种群动态的研究则刚刚起步，总的来说，水平还不高，尚难以全面适应乌江流域渔业生产的要求，更艰苦的任务在等待着我们，需要大家竭尽全力、共同为争取乌江流域渔业的光明前景而努力！

第二节 乌江流域渔业的生态环境条件

所谓"环境"指生物的外界或周围地方的情况和条件。生物学常识告诉我们，通常，什么样的环境，栖息着什么样的生物；什么样的生物，往往适应于什么样的环境，当然这里也包括生物对环境的改造。因此，世上既没有独立于环境而生存的生物，也没有离开生物而存在的抽象环境，这些都是众所周知的事实。

鉴于生物与环境之间具有如此密切关系而共居于同一对立统一体中，成为生态学研究的全部内涵；英国生态学家阿瑟·坦斯利 (Arthur Tansley) 的功绩就在于首次提出了"生态系统"这一概念，来概括生物群落和环境的整体性含义。所以无怪乎渔业科学工作者历来十分重视环境的调查研究。由于环境是那样复杂多变，难以完全涉及，故本节仅就"环境"中的主要"生态因子"——乌江流域中影响渔业生物形态与分布的主要环境条件，进行简要叙述。

一、乌江流域的水文环境特征

乌江流域的水文状况，受所处地理纬度、分布特点、季风气候、水文条件的综合影响。

（一）水团

水团系指形成于某一源地的理化性质相对均匀，变化趋势及运动状况基本相同的水体。实际中的水体，就是由许多性质不同的水团所构成，因此，我们可以说任何复杂的水文状况都是由几个水团相互配置和消长的结果。从渔业角度来看，尤为重要的是探明两个不同性质水田交界区（锋区）的位置及其变动，因为这里往往会形成好的渔场。

水团是指源于某地温、盐要素均匀，变化基本一致的水体或水系。当水体在风力或密度梯度的作用下产生大规模流动时，就会形成水团。而栖息其间遗传属性不同的鱼类，在内部生理要求和外界环境的驱使下进行着大规模的集群移动。每当这些鱼类游集于某一水域时，此处便可能形成中心渔场。底层鱼类中心渔场的位置，大体在混合区附近，特别是水团的混合区。因此，乌江流域中各水系的强弱，决定着渔场的位置和变动。如内边界的变动对春汛生殖群体洄游路线的偏移起着重要作用，适温低的鱼类通常沿着水系的内边线洄游，而外边界对适温高鱼类洄游路线的偏移也起着重要的作用。同样，沿岸水系的消长对产卵群体的集散也有较大影响，如当沿岸水系分布范围小时，对捕捞产卵群体有利，但对幼鱼的生长不利，反之，对捕捞产卵群体不利，而对幼鱼生长有利。此外，水团结构的演变、河流前锋的位置对渔场形成及其变动也都有密切的关系。

（二）水文的分布与变化

在河流水文诸要素中，最主要和最基本的要素是温度，绝大部分水文现象都直接或间接地与水温有关。还因水的温度、盐度影响着渔业生物的代谢过程，决定着它们的种类与分布。因此，研究水域中温度的分布与变化，对寻找渔场、进行捕捞生产，更有其重要的实际意义。

乌江流域的地理区域位于亚热带季风气候区，水温状况受气候影响最大，冬季各水层温度分布基本相同，等温线大体上与等深线平行分布。由于分布及水流的影响，水温自中部向周边递减，东高西低。

关于温度要素对渔业生物的作用是多方面以及综合的，归纳起来主要表现为影响生物的代谢过程和影响生物的行为与分布。乌江流域鱼虾种类众多，因起源演化各异，对温度的反应也呈现出不同适应类型。诸如小黄鱼、对虾等大多数暖温性种类，终年游移于乌江流域广阔水域，完成其固有的生命周期。

至于乌江流域的温度特征对鱼类的行动与分布的影响，主要表现在它参与决定鱼类在乌江流域的分布与季节变化的格局，对乌江流域渔业的丰歉产生深远的影响。例如，冬季各种经济鱼虾远离近岸，躲进洼地。即使耐低温的鱼种，如遇低温年份，也难逃脱冻死的厄运，尤其幼鱼深受其害，并不鲜见。笔者曾见过冰封导致河水过冷鱼大面积缺氧，致使当年幼鱼糜集成团，处半僵冻状态，悬浮于水层中，触及反应甚弱。其后，据说一渔民用旋网捕捉大获丰收，入春以后，随太阳辐射增强，水升温甚速，在内外因素驱使下，百鱼竞发，各寻河口，故地转游，繁殖索饵，延续其种族。于是所到之处，即形成一年一度的春季渔汛，这时的温度要素，既是鱼虾结群的信号，又是渔业生产的指示因子。一般水温偏高的年份，渔汛提前，渔场位置偏北，水温偏冷则相反。即距平均水温偏高的年份，渔期开始较早；反之则迟。但春汛渔期早晚及其变动系依种类而异。一般高龄鱼，性腺成熟早，产卵适温低，如 4 龄鱼产卵盛期的水温下限仅 2.0℃，而低龄鱼性腺发育晚，产卵盛期自然较晚，适温也高约 3.5℃，暖温性鱼种似乎也有这种趋势。在夏季，乌江流域水温高，各类鱼族摄食旺盛，生长迅速。大部分水域温跃层发达，许多服水鱼种或沿近岸或趁冷水团上层的薄薄暖水北上，到秋后，在乌江流域索饵育肥的鱼虾，随着大风降温，又开始集群南游，循原路返回越冬场。因此，温度屏障向后退缩的早晚与快慢，将对秋汛渔场的形成和变化具有决定意义。

二、乌江流域主要生物门类及其区系特征

无机的环境是有机生命存在的前提。生物种类纷繁，从低等单细胞生物直到高等哺乳动物的各个门类，以致一些植物，它们在流域中也都有其代表栖息着，而且大多数生物类群，完全或几乎完全局限于流域中分布。然而，最令人惊讶的也许不在于流域中生物的多样性，而是它们的统一性，即各个门类的生物在流域的生态系统中互为生存的环境，并结成统一的整体而生存、繁衍。在太阳能量源源供给下，年复一年地创造了大量再生资源，为人类提供了丰富的蛋白质食品。乌江流域也不例外，在其固有的水域环境里栖息着无数的生物，通过复杂的生物社会的作用，产生了诸多生物资源，最终出现了乌江流域渔业。

（一）乌江流域主要生物门类及在渔业上的意义和作用

在述及乌江流域生物之前，先简略介绍生物界的分类系统。鉴于生物门类如此繁杂多样，而且大量新种及新纪录还在不断涌现。以致传统生物学把生物划为动物、植物和微生物的分类已不能适应今日生物科学的发展。所以 20 世纪 70 年代后，逐渐开始采用惠特克系统。该系统将生物分为原核生物界（5 个门类）、原生生物界（10 个门类）、植物界（6 个门类）、真菌界（8 个门类）、动物界（23 个门类）等 5 个界、52 个门类。在上述门类的生物中，除了极地和深海生物外，通常栖息于温带水域的生物门类，乌江流域区亦多有分布。

（二）原核生物界和真菌界

前者为原核细胞生物，包括蓝藻和各类细菌；后者属真核多细胞生物，有各种酵母菌等。在这两大类生物中，除蓝绿藻和大型真菌外，在传统分类中统称微生物。为了方便，在此一并讨论。

微生物在水域中分布的种类虽不甚多，但数量极巨，它们每年通过分解流域中的有机质得到 7.60×10^{12} 千卡的能量，自身创造相当 2100 千卡能量的产量，加入水域的能量流通和物质循环，因此，流域中的微生物既是分解者，又是生产者。它以其多样化的氧化、还原作用，参与了流域中物质的分解与转化过程，其活动结果可直接或间接地影响流域环境中的营养状况以及流域生态的平衡，如微生物分解有机质的终极产物氨、硝酸盐、磷酸盐以及二氧化碳等，从而为流域植物提供了主要营养物质，同时它自身的增殖也为流域动物、浮游动物以及底栖动物提供了直接的营养源，这在食物链即能量传递上有助于初级到高层次生物的生产，因此微生物在渔业生产上的重要性是不可忽视的。但是，微生物对流域中渔业的危害，尤其不利于渔业产品的保鲜以及导致养殖生物的病害也是严重的。

乌江流域的微生物种类繁多。细菌有 14 个属，其中，属于革兰氏阴性菌的有假单胞杆菌属、弧菌属、不动杆菌属、黄色杆菌属、无色杆菌属、气杆菌属、产碱杆菌属和肠杆菌科，属于革兰氏阳性菌的有微球菌属、葡萄球菌属、棒状杆菌属、芽孢杆菌属、节杆菌属、乳酸杆菌属。酵母菌有 9 个属，即假丝酵母属、红酵母属、德巴利氏酵母属、汉逊氏酵母属、隐球酵母属、毕赤氏酵母属、圆酵母属、丝孢酵母属和酵母属。

在乌江流域的原生生物界生物中，与渔业关系较大的生物，主要有硅藻，它是流域中最大的生产者，种类甚多，是乌江流域各渔场的优势种类，是渔场浮游动物和仔稚鱼的主要饵料。因此，浮游植物的多寡往往关系到鱼虾类的数量与分布，如圆筛藻的数量与虾的摄食强度有密切关系，进而影响虾的资源量，同时也影响着吞食虾的鱼类的分布。底栖类型硅藻分布于乌江流域者，数量亦多，是鱼、贝类的主要食料。

（三）植物界

真核多细胞生物，有胞壁、液泡和光合色素体，主要营养方式为光合作用。流域中分布的各种藻类是水域第一性的生产者，产量高，经济价值大，其中许多种类已成为主要人工养殖对象。

三、乌江流域生物的区系特征与渔业关系

生物区系是确定物种和类群在特定地理区域内的分布，这属动物地理学范畴。乌江流域生物门类繁多，在形态构造上又那样千差万别。但是，如果根据它们的栖息场所和运动方式大致可归纳为三个基本生态类型，即水层生活的浮游生物、游泳生物、

栖息于岸边的底栖生物。为方便起见，这里将按各生态类群来叙述。

众所周知，水域动、植物区系的种类组成和地理分布，与其栖息地区的地理位置以及自然环境特点密切相关，是在诸环境因素长期、综合作用下形成的。而在海洋环境中，影响动植物分布和区系性质的主要因素是海水的温度。因此，海洋动植物区系的组成成分，可根据它们对水温的适应能力，划分为三个类型：

第一，冷水种，包括寒带种和亚寒带种。该类生长、生殖适温小于 4℃，分布区月平均水温小于 10℃，寒带种适温为 0℃左右，亚寒带种适温为 –4℃。

第二，温水种，包括冷温种和暖温种。该类生长、生殖适温为 4 ~ 20℃，分布区月平均水温为 10 ~ 25℃，冷温种适温 4 ~ 12℃，暖温种适温为 12 ~ 20℃。

第三，暖水种，包括亚热带种和热带种。该类生长、生殖适温大于 20℃，分布区月平均温度大于 15℃，亚热带种适温为 20 ~ 25℃，热带种适温大于 25℃。

（一）游泳动物

乌江流域的鱼类共约 300 种，暖温性种占主要地位。其次为暖水性种，冷温性最少。暖温性种占本区鱼类种数的一半以上。

（二）浮游生物

乌江流域的浮游生物的种类也多属广温性质，在数量占优势的有窄隙角毛藻、小型拟哲镖水蚤、真刺唇角镖水蚤等温带近岸种类。

（三）底栖动物

由于乌江流域环境因素的复杂性也导致了底栖动物组成的复杂性，部分地区水文特征是水温季节变化显著。能适应这些环境条件的底栖生物主要是广温种，种类虽少，但数量很大，尤其虾类软体动物，群体十分密集，成为主要的渔业捕捞对象。

乌江流域深水区由于夏季有冷水团存在，底温常年波动于 4 ~ 12℃，环境条件与浅水区显著不同，有利于适冷水物种的生长与发展。

（四）底栖植物

通常乌江流域底栖植物多布于沿岸，因其地域特征，沙泥沿岸较多，温度变化剧烈，所以植物区系的种类组成比较贫乏。

综上所述，我国乌江流域区，由于地理位置和特殊的水文特征，使该流域生物区系的性质相当复杂。

第二章 乌江流域鱼类结构与鱼类群落

第一节 鱼类结构简述

渔业的合理与科学管理必然取决于对鱼类生物学与生态学的根本理解，那就是鱼是什么类别的动物，它们生活在哪里和怎样生活。本节内容简短地描述鱼类的基本结构，介绍其多样性。

一、鱼类结构与鱼类群落

渔业大部分是针对硬骨鱼类（主要是真骨鱼类），因此，我们的注意力集中在硬骨鱼类上。可以观察一下狗鱼潜随和捕获被食者，将发现使硬骨鱼类在水域环境中，像鸟类在空气中一样敏捷灵活的全部技巧。通过观察狗鱼进行攻击的片刻，我们可以进行如下描述：

狗鱼的金黑色眼睛发现了鲤科鱼类的鱼群，它面对鱼群绕着它游动，等待着，或许正在估计即将来临的任务。然后通过打动灵活的尾部，在它追踪途中，细长的狗鱼悄悄地向前游动几厘米，通过向前伸展悬挂在鱼体下面的胸、腹鳍灵巧地刹车，而突然停止了游动。吻上的二条视沟通过下视在它的立体视觉中固定了被食者时，狗鱼悬浮着，在水体中伪装着不动。不久，背鳍、臀鳍和尾鳍的后缘以几乎难以觉察的方式开始飘动，因此狗鱼以慢到几乎一点儿也看不到的速度向前移动。它停止，然后又继续耐心地潜随。感觉到攻击即将来临的鲤科鱼类，局促不安地聚集起来。在无法预言的时间间隔内，许多个体突然离开鱼群又回转来。现在缓慢前进的狗鱼离被食者的距离在它体长的二倍之内，战斗即将开始。逐渐地，狗鱼把它易弯曲的身体收拢成像绷紧的弹簧一样的S形，然后一刹那放开这弹簧，狗鱼用闪电般速度加速前进，在最后的时刻，张开它那有致鱼于死地的牙齿的口，大群黑白相混的鲤科鱼类鱼群，同样迅速地向各个方向逃窜，狗鱼没有抓到它们，但是立刻再一次开始猎获行为，或许这一次是成功的。

像这样的攻击说明了真骨鱼类的几个特点。为了在水体中高效率地活动，它们的体形是流线型的，能够高度精确地给自己定位。许多鱼类不是为了逃脱掠食者追捕就是为了捕获被食者，用它们的鳍以最精巧的方式敏捷地操纵鱼体，或者能够快速地游动。它们的眼像脑的视觉分析区一样发达；真骨鱼类能够分辨让人印象深刻的琐事、特征和颜色，嗅觉和空间的侧线感觉也特别敏锐。许多种鱼类已经发展了一种社群的行为——群集，它起到了对抗掠食者的防御作用和用以改善收集食物的效率。真骨鱼类的这些能力是通过独特的结构和特定的内部器官来实现的。

因为水的密度是空气的800倍，所以鱼体成为一种最能减少湍流和阻力的形状——流线型。硬骨鱼类通过采取一系列沿着鱼体向后部的S形屈曲来游动，当它们运动时，增加屈曲的幅度。尾鳍增加了推力作用，沿着鱼体长度方向对肌肉块精确地定时收缩导致游泳的平稳性，每一对肌肉牵拉坚硬易弯的脊柱。在快速游动的鱼类中，例如斜竹笑鱼，原始的鱼体屈曲活动已经大大地改变，成为一种仅尾部显著活动的方法。与船的螺旋桨作用相类似，通过身体中部的游泳肌，鱼尾快速地前后摆动，通过腱传送它们的力，一起带动缩得很短的尾栖。

游泳肌组成了鱼体重量的一半左右，它分成两类：巡航的结构与紧急加速的结构，通过真骨鱼类的横断面，展现出位于每一边侧缘，色较深的楔形肌肉。在煮熟的鱼片里，能看到它是呈暗灰色的肉。这些是红色的游泳肌，它的颜色来自它们高含量的肌红蛋白。红肌用来进行连续巡航，它利用脂肪作燃料，通过需氧呼吸来行使其功能的达到此目的，线粒体充满了肌肉细胞。

鳕鱼用这种红肌能以每秒约体长2倍的速度，实际上无限期地游动，鳃的大小在生理上决定着红肌的数量；鱼类若全部是红肌则就会有很大的鳃，这将破坏鱼体的流线型。像斜竹笑鱼、金枪鱼这样一些适于以高速（每秒体长3倍以上速度）持续巡游的鱼类有如此多的红肌，以至氧的供应是至关重要的。为了得到它们的红肌所需要的氧，这些鱼必须不停地巡游，如果斜竹鱼停止游动，它们将因缺氧而死亡。高效快速巡游如此发展，约束了这些鱼可能完成的任务。许多鲭科鱼类在商业上的重要性是巨大的，对快速巡游的这种适应说明了为什么它们占领了摄食生态位。

由于游泳肌不停活动产生热引起了更有力而快速的巡游，在30℃时肌肉收缩产生的力量比温度较低时有较高效率。在一些鱼里面，代谢热在体内是通过逆向流动的热交换器来保存的，在热交换器里面静脉血管与动脉血管互相并排地伸展着。利用这种机制，部分鱼肌肉的温度能高于水温10℃。有趣的是有些大体积的鱼用同样的逆向流动的原理来增加肌肉的效率，可能是因为它们的结构和生态位对游泳能力起到了类似的促进作用。在许多鱼类里，例如鲤科的鱼与刺鱼科的鱼，不排列成生肌节的一些单独的红肌操纵着鳍的活动，少部分鱼甚至沿着它的消化道也有红肌，可能是为了帮助消化植物性食物而提供剧烈的搅动。

白肌构成了像鳕鱼和几乎所有的狗鱼鱼肉的大部分，这些鱼很少长时间地巡游。白肌没有肌红蛋白，供血贫乏但是淋巴液供应良好，线粒体不多。它们适于快速有力地收缩，通过厌氧呼吸把糖原还原成乳酸来得到能量。因此，它们产生了氧债，很快的疲劳。肌肉块重叠盘旋排列的方式，允许每一肌纤维作最适度收缩，以产生高效率的力量白肌所产生的收缩幅度大而有力，但时间有限在"反冲启动"时，鳕鱼的身体几乎折曲成 90°，当以每秒体长 10 倍以上的速度加速时，为了最大限度地增加推力尾部通常展开。虽然这样的厌氧活动很快就满足了鱼类游动的需要，但是在几秒钟之内它被迫停下来，这时候鱼已经筋疲力尽。因为通过淋巴系统从白肌中抽提出乳酸盐，鱼体复原可能需要几小时。白肌能够保持较长一段时期不太剧烈的活动，于是鱼较慢地达到氧债。如仅用少量肌以正好超过巡游肌所提供的速度游几个小时是可能的，但是鱼最终必将停下来恢复元气。白肌紧急系统的这种筋疲力尽决定了钓鱼者在他能把鱼拉上岸之前，必须让上钩鱼不断拉动钓线而使其筋疲力尽。这也是在设计商品渔具时要考虑的关键因子。

鲤科鱼和大多数其他硬骨鱼类能对危险信号非常快地作出反应。这是因为它们有特殊的直径大的神经原系统，它们沿着脊髓的长轴方向伸展，发出分支到每块白肌。像著名的枪乌贼的巨大的轴突一样，"Mauthner 系统"的神经由于它们的特点是直径大，因此比正常的神经轴突冲动传导速率快一些。这与髓质和肌肉顶部的"Mauthner"细胞体中间直接联结一起使得真骨鱼类能以少于 1/5 秒时间"反冲启动"。根据繁殖的对策和它们具较大机动性能可把真骨鱼类与板鳃类区分开来，这里以海洋里的鲨鱼举例。

鲨鱼用其硬的鳍和尾来阻止本身的下沉，大多数鲨鱼比水重，因此如没有尾部以及像水平舵一样的胸鳍的划动所产生的上升力，则它们将下沉。板鳃类的器官已特化成用嗅觉来察觉被食者，但是保持了较原始的颌与游泳方法，而真骨鱼类有极好的视觉、游泳方法和具吸引作用的颌。板鳃类首要适应的是体内受精和特殊化的繁殖器，这使得板鳃类产生少数含大量能量储备，保护良好已发育到高级阶段的胚胎。另外，真骨鱼类繁殖比较原始，典型的方法是排出大量卵到水里受精和发育，卵很少受到保护，能量储备不多。有些鲨鱼和鳐科鱼类是真正的胎生鱼类，产生已完全成形的活的幼体。大多数板鳃类产生少量有外壳包住保护良好的卵，内含有大量而丰富的卵黄。

真骨鱼类的鳍是一层由许多易弯曲的硬棘支持的组织，每个硬棘皆能自由活动。鳍能用作桨或者刹车，或者能沿着鳍的长度方向通过的水波作向前的推进。在较高级的真骨鱼类中，胸鳍通过进化转移到正好在鳃盖后方鱼体边上的较高的位置上，从而也得到了较大的机动性。此后胸鳍和几乎直接位于腹部下前方的腹鳍一起起作用，这样的排列使得鱼在活动时作精确的控制以及作快速的小转弯。

在氧的供应耗尽，暖和而水浅的淡水水池里，真骨鱼类的祖先进化出了呼吸空气的肺。这些肺次生性地用来作为浮力器官。在已经丧失了呼吸空气能力后的早期海洋真骨鱼类中，肺纯粹是这种功能。壁薄而有弹性的鳔说明它能在游泳时调节鱼在水中的深度，在这方面鱼类是不必白费能量的。较低等的真骨鱼类咽的后部有一根连接管，这些鱼通过这根管子能够从鳔里得到或者失去空气，以及在任何深度调节浮力使比重呈中性。

例如鲤鱼为了在较深水层中游泳，通过向上游到水表面和吸入较多的空气能调节浮力，当它们回到所要求的深度时，较大的水压将把空气压到呈中性浮力的体积。相反，为了对较浅的深度进行调节，只要经过口排出空气就行了。在高级的真骨鱼类中，不游到水表面也行，这些鱼已经发展了有专门的分泌气体与吸收气体的腺体的鳔。这些鱼已经失去了通到咽部的管子，气体腺根据节约的逆流原理而工作。这些较高等的真骨鱼类对它们的浮力有精确的控制。有些真骨鱼类已经失去鳔，当然鱼类特有的结构决定了它整个生活方式，因此也决定了能够作业的渔业的类型。

鱼类的许多适应性辐射进化是与食性相联系的。如在非洲的丽鱼科的鱼已经向各向辐射，形成了许多种类，这些种类中间丽鱼科鱼类，食性特化从摄食腐屑或者藻类一直延伸到诸如吃鳞片甚至吃其他鱼的眼这样一些奥秘的食性。在真骨鱼类的这一种和其他种的种类集合里摄食生态位的这种细微差别，可能是由于真骨鱼类可弯曲回转的颌的结构的进化潜力所造成的。

与此对照，典型的板鳃类鱼类具有只适于一种有效的撕裂或者压碎的，使用不方便的颌；因此大多数板鳃类是吃鱼或者软体动物的。除了部分用鳃耙滤食，颌有变化外，其他板鳃类鱼类颌的结构在整个这一类群里，仍然是原始陈旧的。

在硬骨鱼类中间，由于上颌骨与颅骨之间的坚硬连接的消失，同时因为能使得肌肉以最大的力量与范围来操纵颌的上颊骨的减少，真骨鱼的颌变得适应性较大。真骨鱼类颌的主要特征是在前后轴上转动的回转的上颌骨。与前面硬骨的轴不一样，后面的"铰链"是由具有褶纹的结缔组织形成的。当早期的真骨鱼类在白垩纪——今天的大马哈鱼所代表的地质阶段辐射进化时，回转的颌与口腔肌肉在口张开时，增加了口腔的容积5%～10%，这样在生活中，可借助拖向后面的水流捕获被食者。或许以这种方式防止了小型无脊椎动物的逃逸，因此有回转颌结构的鱼在捕食时能够以比颌的吸引作用不存在时，少一些的努力就可成功地捕获各种大小的被食者。

基本的回转颌结构在改善像吸移管一样的吸引机制方面具有巨大的进化潜力，高级的真骨鱼类具有能全部伸出的颌，它们一点儿也不必用口来攫取被食者，而是通过纯粹的吸引作用打捞与捕获被食者。在鲈鱼中，一种能突出类型的颌，进行工作的原理是上颌骨决不构成颌的边缘的一部分，而是像下颌作为一根向下拉的极好的杠杆把口拉开起作用，当它回转时，通过扭曲把前上颌骨向前推到一特殊的软骨结构上，现在前上颌骨是在上颌边缘上唯一的硬骨。当颌前推的时候，在硬骨中间带纹的结缔组织没有向前合拢成管子，在这同时用肌肉扩大了鳃盖腔。所有这些过程发生得如此迅速以致口腔体积增大吸收水流进入口内。观察这种吸引机制的活动是迷人的，实验室的大型水池里，我们能够观察到1米长的鳕鱼慢吞吞地游到较小的青鳕边上，青鳕转过方向，快速地划开。鳕鱼慢吞吞地张开它的海绵状的口，人们能够清楚地看到纤弱的青鳕无法抵抗地被拉入鳕鱼口内，然后就立刻被整个地吞食。一些高级的真骨鱼类有巨大的起吸引作用的口成为潜伏而不活泼的掠食者。

其他一些鱼类改善了小孔移吸管的作用（例如，剃刀鱼科的鱼和海龙科的鱼），还有另一些鱼，把可伸出的颌改变成有巨大力量的"遥控啃食"，例如鹦嘴鱼科的鱼和隆头鱼科的鱼，能全部伸出的颌是如此高级以致从真骨鱼基本颌的结构至少单独进化了六次。在鲈鱼科鳕鱼种、鲱鱼科、白鲑亚科、鲤科里面，每一类群皆使用了稍有不同的伸出颌的方法，伸出颌的直接后果之一是在颌的边缘上牙齿减少了许多，因为鱼不再通过咬的方法捕获被食者，虽然为了有助于在吞咽前防止被夹住的较大的被食者逃逸，常常在前上颌骨上面和上腭的里边保留了一些牙齿。因此，在消化道的其他地方，以精细复杂的结构发展了新的咀嚼与碾磨区域；例如鲤科鱼类在胃的正前方，鳃区的后部发育了设计巧妙的齿板。每一种鲤科鱼类有差别极细微的咽喉齿，利用范围稍有不同的食物分类学上能用这种牙齿鉴定种类。在一些颌的突起部已变成啃食、括食或者切削结构，在消化道有坚硬碾碎结构的高级真骨鱼里，我们可以看到食性中出现大型植物或者藻类的变化。这是一种板鳃类从未掌握过的技巧。草食性的真骨鱼类，例如草鱼、鳗鱼和杂食性的真骨鱼类（梭鱼和在美国发现的淡水鲶鱼），在它们的胃里面有产生纤维素酶的细菌，真骨鱼类颌的结构进化的重要性是巨大的。

鱼类的感觉器官同样很好地适应于水域环境的压力。为了提供足够的折射以产生清晰的图像，鱼眼的晶体是圆球形的。在陆上，当光线通过角膜的时候它被大量地折射，因此比较差些的晶体也足以在网膜上聚焦光线。然而在鱼里面晶体折射大部分光线，因此必须比较弯曲。此外，为抵消球面像差的影响，折射指数从晶体的中央起要减低下来。栖息在有充足光线的淡水环境中的鱼，有引起颜色视觉的视锥以及用于轮廓特征视觉的干细胞。栖息在中间深度的鱼有大了很多的眼，在网膜上只有干细胞以在暗淡的光线下形成精确的图像。一些生活在没有光线的深水区或深沟里的鱼，已经完全失去眼睛，但是在大多数真骨鱼类里，视觉是用来猎取被食者，辨认其他鱼和掠食者以及记住栖息区域的特征。像大多数无脊椎动物一样，视觉是极为重要的感觉。

广泛使用的其他感觉是听觉，侧线系统的感觉和嗅觉。有些真骨鱼类，侦察被食者时，讯号通过具有变形的肌肉块产生电场。几乎所有的板鳃类似乎都有特别敏感的电感受器。在狗鱼里，试验已经显示这些鱼能够探出控制埋藏的被食者鳃部肌肉的神经活动电位。

有典型的脊椎动物内耳鼓膜器的鱼类听觉发育良好，大概是因为声音（特别是频率较低的声音）在水中远距离传播没有衰减很多，能够听到几里外拖网渔船发动机的声音。在鲤科鱼类里，听觉发育是特别良好的。鲤科鱼类能够区分高音以及最好的人类音乐！它们有从脊椎的一部分发展来的称为"韦柏氏骨片"的骨连接的链。这些骨片连接鳔与内耳，有些像我们自己中耳的硬骨，壁有弹性的鳔，起着一个放大频率范围很宽的音频放大器的作用。其他类群的鱼也利用通过鳔来放大声音的办法，这些鱼包括鳕鱼和生活在热带海洋里的石首鱼科的鱼，它们利用鳔作为一个共鸣器来增加产生和接受声音的体积。最近已经发现，许多其他鱼类例如鲥科鱼类，在它们的社群行为中使用声音。

侧线系统是一种用来察觉水中振动的器官。虽然它的功能尚未全部弄清楚，但因为在基础生物学里面很少涉及它，以及这一系统几乎全部是在鱼里面发现，因此我们在这里对它作较为详细的描述。

侧线通常位于正好在皮肤与鳞片的下面，沿着鱼体每一边的长轴方向伸展的管子里面，管子有小的孔通到外面。与此类似的一系列穿孔的管道常常在头部形成网状系统，虽然不能肯定它们的功能是否类似于主要的管道。侧线器官有许多小的"神经瘤"

器，这种器官含有变形纤毛的细胞以及称之为杯形器的细微突起，这些突起与感觉毛相连。水的振动推动了杯形器，弯曲了感觉毛，这改变了沿着侧线神经向后通到后脑的脉冲的频率，后脑有特定的分析中心。侧线帮助一些鱼类侦查被食者，用来确定物体的位置，在有集群行为时，辅助视觉监控附近鱼类的方位。

最后，在大多数真骨鱼类和几乎所有的板鳃类里面，嗅觉发育良好，可能是因为寻找食物与产卵皆取决于对水中重要的微量化学物质的察觉。试验已经证明鳗鲡科鱼能够觉察水中某些物质的单个分子，鳃科鱼类能够区分它们栖息的水族箱与任何其他的水族箱。有良好视觉的有些鱼类像狗鱼嗅觉差，但是对大多数鱼类来说，嗅觉太重要了，不能没有它。成熟的大马哈鱼利用嗅觉回到它们出生的河流里，许多鱼类用嗅觉和信息素与同种的鱼类联系（和交配）。事实上，鱼类察觉外部世界的方法与人类的渔具与渔业有关。

在各种水域环境中不同的盐度，未能阻止鱼类的散布。现代的板鳃类实际上仅限于分布在盐水里，但是在淡水、海洋和盐度波动的咸淡水环境里，能够发现真骨鱼类。一种丽鱼科的鱼生活在肯尼亚马加迪湖约40℃、pH值为11的苏打溶液里，鳃与肾调节盐与水的平衡。通常脊椎动物的小球肾在真骨鱼类里是伸长的结构；前端改为内分泌的功能。肾小管系统在一端过滤血液，另一端回收对鱼类所必需的盐类与水分。在淡水鱼里面，为了抵消水的快速渗入，产生稀尿，用鳃来收集损失的盐。在海洋水里，发生相反的过程：为了保水——浓缩尿——鱼饮水；为保持盐的平衡，通过鳃排出额外积累的钠与氯。在真骨鱼类里，主要的含氮废物是氨。除肾外，鳃也排出氨，为了逆浓度与渗透梯度抽提出钠与其他盐类，鳃上有带许多线粒体的非常特化的细胞，可以在海洋与淡水里洄游（大马哈鱼、鲑科鱼类、白鲑亚科、鳗鲡科鱼、鲽形目鱼）。在水和盐构成体制完全不同的情况下，功真骨鱼类盐和水平衡机制的极好的效果。

实际上，人们能够从淡水水族箱中取出中华九刺鱼或者鳗鲡直接放到海水里，在明显痛苦地骚动几秒钟后，它顺利地存活着，甚至发现通常认为专门在淡水里的狗鱼在沿着离岸500米的海洋里游动。在这两种水域水分组成体制中，鱼类耗费于盐、水平衡的能量是不同的，在海水和淡水鱼类养殖时，这可能是需要郑重考虑的事情，这对天然渔业和鱼类养殖业来说繁殖是极为重要的。在水域环境中，鱼类只需不太复杂的机制来保证精、卵在适当的条件下相遇。虽然有明显的浪费，但是精、卵还是随意地排到水中，假如鱼类将足够的能量投入正在发育的性腺，大量的卵将受精和发育到卵黄囊和鱼苗阶段。

与板鳃类不一样，真骨鱼类产生大量的卵是普遍的规律。例如1米长的鳕鱼将排出100万粒以上的卵。当受精时，卵像已孵化的幼鱼一样，以浮游生物方式生活，二者皆是被动地为水流所携带与传送。对进行长距离产卵洄游的鱼类来说，这是使这些鱼类的幼体与成体保持在能忍受的环境限度内的理由之一。在用完了小的卵黄囊中的能量以后，对年幼的鱼苗来说，关键的时刻是在它们吃第一餐的时候，在这一阶段的死亡事常常与密度相关，能决定进入渔业的补充量。

在卵巢完全包在体腔内，有一根专门的管子通到体外或者像在南乳鱼科中的鱼那样，卵在排入水中之前，能排到体腔里。在产卵时期，精巢的膨大比卵巢小一些，真骨鱼类的精子经由专门的管子通至体外。性腺每年成熟或者在热带是季节性成熟，这一过程是由内分泌所控制的；成熟的鱼根据环境的触发信号，例如温度和白昼长度的变化在一年中的适当时间产卵。在每一种鱼类里，产卵时间通过自然选择已"调到"最适合年幼鱼苗需要的时刻；因此许多温带性鱼类在冬季或者早春产卵。中脑的丘脑下区的释放因子激发垂体特地安排了一整套和谐的代谢变化，这些变化把食物消化的过剩能量汇集用于性腺的生长而不是体细胞的生长。这是通过激发内分泌腺里（性腺、甲状腺等）产生的次生性激素来达到的。因为对食物的过剩能量有两种可供选择的处理途径，因此了解内分泌系统是与鱼类养殖业所需要的，也是鱼类身体生长直接有关的。

像板鳃类一样，有些真骨鱼类已经进化到了胎生的繁殖方法，而有些真骨鱼类对卵和幼鱼有行为上的照管。在绵鲷和人们所熟悉的观赏鱼红鳍里，发现了真正胎生的例子。许多有重要商品价值的丽鱼科鱼类是"口育鱼类"，在母体或者父体口中保留受精卵，直到这些卵发育到相当高级的鱼苗时为止。在某一个时期，当危险来临时，年幼的鱼苗可利用双亲的口作为避难所，这样细致的照管在高级的真骨鱼类和人们熟悉的哺乳类与鸟类中间提供了另一种平行的现象。

二、鱼类的多样性

许多已开发鱼类种群的理论是建立在每种鱼能够以孤立的方式加以处理的假设上，现在正在摆脱如此的单纯无知。鱼类是它们在其中生活的生态系的组成部分，因此减少一个种类的种群对其他种类有深远的后果。

许多昆虫在某一个月相时出现，在这个时候鱼类能狼吞虎咽地大吃一餐。有些鱼类已经发展了吃软体动物的特化，吸贝类的软体部分而丢掉外壳，而第二种类群的鱼已经发育了厚实的咽骨与咽头齿，用这些结构压碎整个贝类。有一些种类是草食性的，有一些啃食附生的藻类和石面上的藻类，有一种鱼吃大型植物的叶子。大约30%种类是肉食性的，为协助它们的捕食，显示了许多奇妙的适应。还有一个类群的鱼特化成吃其他鱼的卵和幼鱼。

许多食鱼的种类体形伸长为细长型，以允许它们很快地加速以捕获它们的快速游动的被食者。除了在纸莎草沼泽和敞水区的表面外，在所有主要的栖息环境里皆发现有丽鱼科的种类。热带湖泊生态系的这些简短的评论说明了这种环境的两个共同特征——稳定性和多样性。生产力一年到头地持续而且是高的，但是作为食物网的其他部分所利用的剩余量比总的数字所包含的剩余量小一些，腐屑与大型植物也对生产力作出了重大的贡献，虽然我们现在尚不可能对每一部分贡献了多少生产力作出定量的分析。丽鱼科鱼类的多样性——它们中许多鱼类看来像是有非常类似的食性。在许多种类之间，饵料的密切相似或许是缺乏详细资料的人为结果，虽然在摄食藻类的种类里，食物的过量丰富可能意味着不产生食物的竞争。

像在海洋中一样，大多数大型湖泊以及河流有丰富的浮游植物种群，它贡献了输入生态系统中的新的存机物质的大部分。

在这些水域里吃鱼的主要种类是鲈鱼和狗鱼。鲈鱼在湖泊里是较常见的种类，幼鱼主要是以无脊椎动物为食。狗鱼在幼龄时就开始吃鱼，一生中几乎全部以鱼类为食。鳗鱼也是掠食者，吃一些小鱼和无脊椎动物。其他一些种类如梅花鲈和短须平头鲶也是吃鱼的，虽然并非全部吃鱼。

在流速较快的河流里，例如山区的河流和在寡营养湖泊里，鲑科鱼类代替了鲤科鱼类。大马哈鱼在河流的上游产卵，幼鱼在这里度过了它们二年生命的第一年。生活在湖泊里的鲑属鱼类游到河流里产卵，而其他种类例如红点鲑和白鲑就在湖泊中产卵。大多数鲑科鱼类嗜较冷水温与需要高的溶氧，例如，温德梅尔湖的红点鲑退缩到较深的水中来避开较热的表面水温；并向有充足溶氧的寡营养湖泊的湖下层迁徙。体积较大的湖泊为散水性鱼类提供了许多生态位。在较深的湖泊中，大部分底栖的种类局限于较浅的水体边缘。在温德梅尔湖两种主要的掠食者鲱鱼和狗鱼尤其如此。这两种鱼有同样类型的饵料，与它们在富营养水体和河流中的情况一样。在欧洲其他地方和北美的类似环境中，普遍存在着鲑科鱼类的优势，虽然在英国可能是由不同的种类取得那样一种地位。在整个全北区发现有白鲑属鱼类，由于它们的可塑性的表现型，而对分类学提出了大量的问题。

第二节 鱼类种群的空间及时间结构

一、单位群体的概念

知晓鱼类种群的界限对渔业生物学家来是重要的。在一个种类内部，正如其他特征所显示出来的那样，一个种群的增长不同于另一个种群，这影响到产量。幼鱼的补充量在不同的种群中也有变化，这种差别是遗传学上的或是环境条件不同的结果，或通常是这二者混合作用的结果。每一个主要的种群基本上与其他种群隔离，皆有它们自己特有的特征。过去的 70 年中已经作了许多研究，来找出每一个种群怎样在对我们来说似乎是平常的环境条件里保持它的完整性。

在渔业科学中把已被开发利用的鱼类种群称作"资源"。就我们能够观察到的情况而言，这与由其他生态学家精确定义的"种群"是同义词，其他生态学家把种群定义为"有可交换的（不可阻隔的）基因流的类群"。

其他许多温水性鱼类显示了类似的行为方式，较远的例子是北海南方湾的鲽鱼，每年在同样的地方产卵，通常是在成鱼肥育场的河流上方。强有力的河流携带了漂浮性的卵与幼鱼到索饵、肥育的场所，在那里幼鱼捕食生长直到它们大到足以加入主要的种群，那时可说是它们已经"补充"到渔业里了。这个阶段并不像在鲽鱼中那样清楚明显。洄游所特有的周期，保证了种群维持完整性，确保了这种鱼类逗留在有利的环境条件中。在这个周期的索饵肥育阶段，种群的混合大概也是确实的。这样每一个种群显示了轻度的、但是始终如一的形态上差异，通过对它的血清蛋白的分析能够加以鉴别。

二、鱼类的丰度

重要的商品鱼类种群的丰度对渔民来说是有重大意义的。用有关丰度与体重的数据，生物学家能够作出生产力的估算，它为正在不断发展中的管理策略提供了基础。与此类似，一些淡水鱼数量上在河流与湖泊里占优势。鱼类的丰度不是固定不变的，它随着地点与时间而变化，产生了渔民通常通过经验能够认识到的时间与空间格局。无论一种鱼的相对丰度怎样，较常见的事实是所有的种群皆显示了丰度随时间而变化。

丰度的波动受到死亡率与出生率之间平衡的变化与资源的可利用性的控制。我们能够使用的最简单的方程式是逻辑斯蒂方程式，它描述了种群的大小趋近于渐近线的方式和在渐近线附近的波动方式，它像出生与死亡中间相互关系的变化样。这个方程式是：

$$\frac{dN}{dt} = rN\left(1 - \frac{N}{N_{\max}}\right)$$

式中，N 是种群的丰度，r 是内禀增长率；$N_{\max}$ 是环境能够支持的最大丰度——容纳量；内禀增长率 r 是一个反映出生率与死亡率之间差别的复合的参数。容纳量是当平衡被打乱时，种群趋于会聚的种群丰度，逻辑斯蒂模式在几个方面是不可靠的。没有一个动物种群将在平衡状态下停留全部时间，而更可能的是将在平衡点附近徘徊，当环境变化时，平衡点本身也将变动。这个模式也假定当种群密度增加时，出生率与死亡率调整对种群增长比率有瞬时的影响。有限的发育时间使得后面的假设绝不会是真实的，这样 r 对密度的调节总是落在初始的刺激后面。

尽管有这些局限性，逻辑斯蒂模式对帮助理解群种的动态仍然是有用的。麦克阿瑟与威尔逊注意到了用控制有机体种群的主要过程来对它们进行分类的可能性；r 对策是这样一些种类的生物所采取的——这些种类的存留依赖于它们占领新的栖息地的能力，它们利用生活期短的资源快速增长。主要的控制因子是环境的和无法预言的因子。像许多简单的分类一样，这种分类过分简单，只有很少数动物是纯粹的 r 对策或者 K 对策，大多数动物是处于这两种对策中间。空间和时间的生活史对策也必须考虑养殖的投资，一般来说位于靠近这个范围的 r 对策端的种类有比在这范围 K 对策端的种类短一些的世代时间。少数鱼类是纯粹的 r 对策，虽然有些种类产生大量的卵，有巨大的潜在增长率；马拉维湖的岩礁鱼类群体里的非洲丽鱼是一个特有的例子，这种鱼产卵非常少，生活在挤满了生物的群落里。对于鱼类种群丰度的变化，最强有力的事实之一是年与年之间的变化是巨大的，因此一个年龄组能够是另一个年龄组大小的 400 倍。

春天当水体稳定和光照增加时硅藻开始增长，此后因为哲镖水蚤属种群摄食硅藻，因此它们的种群也开始增长。在春天哲镖水蚤属种类是鲱鱼嗜食的饵料，鲱鱼集合在这种桡足类附近，形成了能为渔民开发利用的区域层片。在上涌流的地方也导致了鱼的集中。小型中上层鱼类例如灯笼鱼吃浮游生物，其他的上涌流区域也类似地以鱼的集合为其特征；可靠的丰度计是难以作出的，然而为了恰当地分析种群动态这又是必需的。为了可靠地估计种群密度或者数量，人们必须没有偏倚地取得所有年龄组的样本。在大部分的水域环境中这是困难的。现在有几种能用来估计种群丰度的统计技术。

里克、杨斯、罗布森和索思华德全面地评论了这些方法。我们接着讨论估计丰度时做的一些假定以及对两种经常使用的方法做一些概述。

使用的最简单的模式是彼特逊创立的"标志放流重捕法"这种方法依靠捕获样本，然后标记捕获的样品放走。在晚一些的时候依次取样，记录重捕的数量。令 n_1 是第一个时期捕获与标志的数字，n_2 是第二个时期捕获的数字，m_2 将是其中已被标记的数字。假定第二个样本中被标记的鱼的比例是整个种群中被标记的比例的代表。因此我们能写成下式。

$$\frac{m_2}{n_2} = \frac{n_1}{N}$$

因此

$$\hat{N} = \frac{n_1 n_2}{m_2}$$

式中，N 是整个种群大小的估计。下述六个假定构成了这个方法的基础。

（1）这个种群是封闭的，因此 N 是常数。一个封闭的种群，是这样一个种群——个体没有以死亡、迁徙或者补充的方式作迁出或迁入活动。

（2）在第一次取样时期所有的鱼有同样被捕获的可能性。

（3）标记后不改变鱼的可捕获性。

（4）第二次样本是种群的随机样本。

（5）在二次取样时期中间，没有标志失落。

（6）在第二次的样本中，所有的标志皆被记录。

一个小型湖泊或者池塘很可能是持有这些强制因素的唯一环境。此后只能维持一短时期。

标志的方法可能是引起死亡的一个原因，但是这是能加以控制的。标志数小时后的任何时间，掠食很可能引起死亡，因为标志了的鱼较易受攻击。虽然标志的鱼立刻全部放掉，但是要过了较长一段时期后，才能够重捕。因此，补充量能够稀疏现存的标志鱼的数目，从而导致比例的改变。现已有了对补充量进行校正的一些方法，要保证开始的样本和以后的样本对整个种群来说是随机的是困难的，通常仅对个体的子集合（abe）进行估计。这是每种类型的取样装置性质不同的结果。网有固定的网目大小，可以选择性地筛选鱼的大小。用钩的时候也出现大小选择的问题。用电击晕是一种在小池塘和河流中有效的捕鱼方法，但是甚至这种方法，也有大小的选择。这种方法取决于鱼的头尾中间大约 2 伏的电压差。电场随着离开电极的距离是指数式地消散（dissipate），这样较大的鱼首先被击晕，较小的鱼只是当电极非常接近的时候才被击晕。大小的选择能具有记录性比偏向（biased sexratia）的意义，因为雌鱼常常大于雄鱼。由于其他原因，取样装置也将漏掉一部分种群。例如，非常年幼的鱼只是在取样器具到不了的浅水处或者水草中间出现，部分种类的幼鱼和成鱼能分开很长的距离。

上述的假定是在二次取样时期中间，标记没有遗失或损坏。用在水池中饲养标记了的鱼，来记录标记物损失的比例的方法，或者通过统计的方法（Seber，1973）能够检验这一假设的真实性。仔细地检查鱼有时也能看到伤痕，在那里标志物已经脱落，剩下了伤口。不可靠的重捕记录造成了对种群大小的估计过高。在小型淡水水体的生态学工作中，研究者最有可能作全部标志鱼的重捕，因此减少了标志鱼的漏记。鱼类的标志计划经常依赖于商业或游钓捕鱼者对标志物的重获由于标志物的遗失或者未送还给研究者的结果，更可能导致记录的误差。良好的财政奖励能够有所帮助但是增加了研究的费用。用受过训练的观察者，以做到高比例的重获标志鱼是经常受到推荐的一种方法（里克，1975）。Seber（1973）提供了试验渔民送还的标志物的比例与受过训练的工作者送还的标志物比例是否有差别的方法。

事实上封闭的自然种群是不多的，因此设计了能够应用于研究期间其个体的多少有变动时的方法，具这样一种变动状态的种群被称为"开放的"种群。得到的是迁入（Immigration）或者幼体的补充，而失去的是迁出（emigration）和死亡（mortality），估计开放种群的丰度的最一般的方法是由乔利（Jolly，1965）和 Seber（1965）建立的，现在称为 Jolly-seber 方法。基本的模式是随机的，对存活和死亡以及每一取样时期存在的数量作出估计。当有许多时期的重捕数据可供利用时，就能够应用 Joly-seber 方法。当 $n=3$ 时的特殊情况——取决子决定性模式，等于贝利的三次重捕法。我们将用它来说明用于开放性种群的模式的过程。

在雌鱼的年龄、大小和它可能产出的卵的数量中间有已知的相互关系。从相关资料能够计算出平均的绝对产卵力，能用卵的丰度估算来得到成鱼丰度的估计。现在渔业生物学家在春天对特定鱼类的卵取样，用这个资料来估计亲鱼种群的丰度。但要满足一些条件，这个方法才行得通。卵必须在比较短的时期内在已知地点产出。正如必须知道卵所经过的例段一样，必须知道卵漂流的通常的路线。必须与性别一起，要知道卵的数量和雌鱼的长度，年龄之间的相互关联。原先设计来发现潜水艇与测量深度的回声测声仪适合于用来观察鱼群。肉对声波的反射并不比水对声波的反射多好多，但是鱼腰里的空线成了一个良好的声呐回声，虽然鱼的种类仍然必须通过取样来确定。

大多数重要的商品鱼类一年只产卵一次，但是存活一年以上，因此在任何时候，种群里存在有几个年龄的鱼。这些种群有几个种群所组成的年龄结构，通常相当于鱼类种群的年龄组（year class）最明显的一点是种群里通常幼年鱼比老年的鱼多一些，但是并非任何时候必然是这样的。然而在一个种群里，当鱼变得较老时，死亡稳定地减少着鱼的数量。捕捞常常只杀死一定的年龄组范围内的鱼，因此直接影响种群的年龄结构。死亡率和产卵力也与年龄有关。与年龄结构结合起来，每一年龄的产卵力程序表决定了种群的繁殖能力。为了理解这些评论的全部含义，我们将首先简短地考察生命表的理论。此后我们讨论鱼类产卵力的特点时，将把生命表理论应用于鱼类种群。

接下来作者对生命表以及它们怎样应用于种群生态学进行充分的讨论。

三、生命表的理论

存活率、死亡率以及繁殖力的一览表（有时加入生命的期望估计）称作为生命表。生命表类似于保险公司的保险统计员用来对人口进行计算的表。在理论上，对特定种类———一种群的生命表的全套资料不仅能使人们对它的种群生态学进行全面的描述，而且也能推断决定它的种群动态的控制因子有两种类型的生命表。在特定时间的生命表里，检查在某一特定时间里的种群结构；根据可能存在的各个种群混合（mix）来进行计算。在特别成功的年龄组的存活者里，年老的鱼很可能比年轻的鱼多一些。虽然这是一个极可能的情况，但是在各个种群中间不可避免地会有一些本平衡，因此除非年复一年的变化非常小，否则这种类型的生命表不是估计种群动态的精确方法，然而要汇总在特定年龄的生命表（相当于动态的种群或者水的）里的资料要困难得多。在这种类型生命表里，我们注视每一个种群（在大多数鱼类种群里用年龄组来表示）的命运。用这种方法，我们能够找出决定种群数量关键因子和种群调节的机制。实际上，当有关数量的资料不精确或者不完全的时候，可以由每一个来源的平均数构成一张混合的生命表，在这种情况下，我们有了第三种类型的生命表，这种生命表对所包括的年份提供了一个平均的景象，但既不完全是特定时间也不完全是特定年龄的生命表现在讨论构成生命表的过程中，我们将只涉及特定年龄的生命表。追踪一个年龄组整个的一生将有助于介绍生命表的这一概念。

在生命表里繁殖力（fertility）或者出生数是以产生的雌体的数量来表示的。哺乳动物的研究最有可能记录活的出生者的数量，当我们实际观察时，鱼类繁殖的时间格局不遵循这个例子的情况。

第三章 乌江流域鱼类资源介绍

第一节 主要支流鱼类介绍

一、鱼类组成与分布

据 2008—2013 年 7 月调查统计，从各支流采集鱼类总数 99 种，鱼类总数中野生鱼类有 85 种，光唇鱼、鲤、鲫、泥鳅、鳜等为广布种，大部分支流均有分布；马口鱼、鳖、团头鲂、翘嘴鲌、细鳞鲴、中华花鳅、子陵吻虾虎鱼、乌鳢等 9 种分别分布在 7 条支流；飘鱼、大眼华鳊、黄尾鲴、鲢、花鲭、温州光唇鱼、黄颡鱼等 9 种，分别分布在 6 条支流；草鱼、圆吻鲴、麦穗鱼、原缨口鳅、鲇、黄鳝、波氏吻虾虎鱼等 8 种，分别分布在 5 条支流；尖头大吻鲈、红鳍原、鳙、棒花鱼、斑点叉尾鲴、斑鳜、长体鳜、中华刺鳅等 8 种分别分布在 4 条支流；其他鱼类分布在 3 条或 3 条以下支流中。

此外，还包括放流和网箱逃逸外来鱼类 14 种；新记录鱼类 12 种，其中野生鱼类 8 种，外来鱼类 4 种。

1. 鲟形目

匙吻鲟科：匙吻鲟。

2. 鲤形目

（1）鲤科。

鲌亚科：宽鳍、马口鱼。

雅罗鱼亚科：鲈、赤眼鳟、青鱼、草鱼、尖头大吻鲈。

鲅亚科：红鳍原鲅、飘鱼、海南拟餐、半餐、伍氏半餐、团头鲂、大眼华鳊、翘嘴鲅、蒙古鲌、达氏鲅、鳊。

鲴亚科：细鳞鲴、黄尾鲴、圆吻鲴、似鳊。

鲢亚科：鳙、鲢。

鲷亚科：彩石鳑鲏、大鳍鳞、彩鳞、南方鳞。

鲃亚科：光倒刺鲃、温州光唇鱼、光唇鱼。

野鲮亚科：桂华鲮。

鲤亚科：鲤、鲫、白鲫。

（2）平鳍鳅科。原缨口鳅。

（3）鳅科。泥鳅、大鳞副泥鳅、中华花鳅、花斑副沙鳅、薄鳅、扁尾薄鳅。

3. 鲇形目

（1）鲇科。鲇。

（2）鳞科。黄颡鱼、光泽黄颡鱼、长须黄颡鱼、瓦氏黄颡鱼、盎堂拟鲿、圆尾拟鳔。

（3）钝头鲍科。鳗尾映。

（4）鲖科。斑点叉尾鲖。

4. 胡瓜鱼目

胡瓜鱼科：香鱼、陈氏短吻银鱼。

5. 狗鱼目

狗鱼科：白斑狗鱼。

6. 颌针鱼目

鳞科：间下鱵。

7. 合鳃鱼目

合鳃鱼科：黄鳝。

8. 鲈形目

（1）鲈亚目。

脂鲤科：中国花鲈、鳜、大眼鳜、斑鳜、波纹鳜、暗鳜、辐纹鳜、长体鳜。

棘臀鱼科：大口黑鲈、蓝鳃太阳鱼。

（2）虾虎鱼亚目。

沙塘鳢科：小黄黝鱼、河川沙塘鳢。

虾虎鱼科：子陵吻虾虎鱼、波氏吻虾虎鱼、李氏吻虾虎鱼、省斑吻虾虎鱼、武义吻虾虎鱼。

（3）隆头鱼亚目。

丽鱼科：马拉丽体鱼。

（4）攀鲈亚目。

斗鱼科：圆尾斗鱼。

月鳢科：乌鳢。

（5）刺鳅亚目。

刺鳅科：中华刺鳅。

二、鱼类描述

由于乌江流域渔业资源丰富，鱼类众多，下面仅对较为常见且具有代表性的鱼类进行相关介绍和描述。

（一）鲟形目

匙吻鲟

地方名：鸭嘴鲟。

分类地位：匙吻鲟科。

体延长，头部略平扁，躯干部近圆形。胸鳍小，下位。腹鳍腹位。尾部侧扁。尾鳍歪形，上下叶不对称，上叶尖长，下叶宽短。体光滑，背部、尾鳍上叶及侧线上方有细小鳞片。吻扁平，颇长，呈桨形。眼小，口较大，下位，口腔不能伸缩。鳃耙细长，排列紧密，便于滤食浮游动物。鳃盖骨大，其后端延长至腹鳍。体背部呈灰褐色，腹部灰白色。

分布与习性：偶现新安江小金山、深渡镇、宅上村等区域。以滤食浮游动物为主要食物。

渔业利用：从网箱逃逸入库，偶尔捕获。

（二）鲤形目

1. 石斑鱼

地方名：石斑鱼（体具斑纹者都称石斑鱼）。

分类地位：鲤科，鲌亚科。

鉴别特征：成体体长可达 8 ~ 12 厘米。体延长而侧扁，腹圆无棱。背鳍 3.7 厘米。臀鳍 3.8 ~ 3.9 厘米。背鳍起点与腹鳍起点相对。胸鳍几达腹鳍起点。臀鳍宽大，较长，前面 4 分枝鳍条延长，末端几达尾鳍基。尾鳍叉形。口较小，口裂向下倾斜，无须。鳃耙 8 ~ 11 厘米。体侧有 12 ~ 13 条浅蓝色斑纹，散布许多粉红色斑点。胸鳍淡红色，有许多黑色斑点。繁殖季节雄鱼体色特别鲜艳，体侧淡红色，散布蓝绿色斑点。胸鳍和尾鳍黄色，背、腹、臀鳍淡红色。成熟雄鱼体色更鲜艳，且在头部有白色珠星。

分布与习性：广布种，栖息乌江流域支流，而且支流上、中下游或河 – 库交汇区均有分布，2012 年在上游渔获物中有成鱼 10 尾，均重 12.9 克；又有幼鱼 247 尾，均重 167 克。2012 年 9 月 19 日河 – 库交汇点下侧捕获 363 尾，均为小鱼，均重仅 3.2 克。另一次捕获中也只见几尾成鱼，以幼鱼为多。以周丛生物为主要食物。喜栖偏低温、高氧溪流或河–库交汇区上游。在溪流石砾产卵。

渔业利用：支流重要经济鱼类，有一定产量。著名菜肴"石斑鱼"原料之一，可生煮或烘干后长期保存。我国台湾称雄鱼为"红猫"。也可供饲养观赏。

2. 马口鱼

地方名：夯头、阔口、马口。虽体具斑纹，但不称石斑鱼。

分类地位：鲤科，鲌亚科。

鉴别特征：成体体长可达 11 ~ 15 厘米。体延长而侧扁，腹圆无棱。背鳍 3.7 厘米。臀鳍 3.8 ~ 3.10 厘米。背鳍起点与腹鳍起点约相对。臀鳍前方 4 分枝鳍条甚延长。胸鳍不伸达腹鳍。尾鳍叉形，下叶稍长。口裂较大，下颌前端和侧缘凸起，与上颌前端和侧缘的凹陷互相嵌合，适于捕食与咬住被食鱼类。无须。侧线鳞 43 ~ 49 片。鳃耙 8 ~ 13 个。眼眶上有一红色斑块，体侧有 10 多条浅蓝色横纹，喉部和腹部为橙黄色。繁殖季节雄鱼体色艳丽，有珠星。

分布与习性：栖息清水江、六冲河等支流，以上支流的水库、溪流或河 – 库交汇区均有捕获，但产量都不高。以小鱼、虾为主要食物，俗话说"溪中无大鱼，马口鱼称大王"，是溪（涧）流凶猛鱼。产卵石砾或草上。

渔业利用：支流重要经济鱼类之一，肉质很好，民众喜食，小型水库数量较溪流多产量不高，也可供饲养观赏。

3. 鳡

地方名：鲈条、黄占、鲈鳅、老虎鱼。

分类地位：鲤科，雅罗鱼亚科。

鉴别特征：成体体长可达 50 ~ 150 厘米。体长，稍侧扁，腹圆无棱。背鳍 3.9 ~ 3.10 厘米。臀鳍 3.10 ~ 3.11 厘米。背鳍起点在腹鳍基部后端上方。胸鳍不伸达腹鳍。腹鳍末端不伸达肛门。尾鳍叉形。头小，口端位，口裂很大，超过眼前缘。颌骨十分发达，上、下颌边缘锋利，特化为刀刃状。下颌前端有一角质凸起，与上颌凹陷处相吻合，适用于咬住被食鱼类。鳞小，侧线弧形，侧线鳞 110 ~ 116 片。鳃耙 13 ~ 15 个。背侧微黄，腹部银白色，侧线上方有一条蓝黑色纵线。背鳍、尾鳍青灰色，其余各鳍淡黄色。

分布与习性：俗称"淡水鱼之王"，在多数支流及河－库交汇区没有分布，仅出现洪渡河及其河－库交汇区。该区域是产卵洄游必经之地，产卵季节可大量捕获平时栖息库区宽阔水域或大型库湾开阔区，游泳迅速，以超速运动捕食鱼类；一般咬住被食鱼头部，便于整体吞食，同时吞食同种幼鱼，可谓"食子水老虎"，摄食量大。5—6月为产卵季节，结群而上，产漂流性卵，孵化率较高。

渔业利用：肉味美，每 100 克鱼肉中含蛋白质 20.8 克、脂肪 54 克。除鲜食外，可做鱼丸或熏鱼罐头，晒成鱼干后食用。成熟鲈的肝和卵巢不可食用，盲目食用会引起腹胀、皮肤脱落等病变。2000 年以后鲈的数量日趋减少，目前只是偶有捕获。

4. 赤眼鳟

地方名：红眼睛、野草鱼。外形似草鱼。

分类地位：鲤科，雅罗鱼亚科。

鉴别特征：成体体长可达 20 ~ 48 厘米。体长，圆筒形，后部稍侧扁，腹圆无棱。背鳍 3.6 ~ 3.7 厘米。臀鳍 3.6 ~ 3.7 厘米。背鳍无硬刺。尾鳍叉形，下叶稍长。头小，呈圆锥形，口裂弧形唇厚。具吻须和颌须各 1 对。侧线鳞 47 ~ 49 片。鳃耙 13 ~ 14 个。体黄带绿色，背部较深，体侧较浅，鳞片上黑斑明显。眼上部有红斑。

分布与习性：栖息唐岩河河－库交汇区。杂食性。产卵石砾或草上。

渔业利用：肉质好，民众喜食，但产量不高。曾是江沿岸某些民众婚宴中必备菜肴，习惯上在婚宴中提供一盘两尾烹制的赤眼鳟，象征着成双成对，双喜临门。现已人工养殖。具有暖胃，治疗反胃吐食、脾胃虚寒、腹泻等功效。

5. 青鱼

地方名：铁连、螺蛳青。

分类地位：鲤科，雅罗鱼亚科。

鉴别特征：成体体长可达 50 ~ 100 厘米。体长，略呈圆筒形，体后部侧扁，腹圆无棱。背鳍 3.7 ~ 3.8 厘米。臀鳍 3.7 ~ 3.9 厘米。背鳍无硬刺。尾鳍叉形。头中大，略尖。吻短。口亚下位。眼位于头前部，侧位。鳃耙 17 ~ 22 个，稀疏，短小。侧线鳞 42 ~ 44 片。下咽齿 4 ~ 5 个。下咽齿呈臼齿状，咀嚼面光滑，侧位，适于碾压贝类硬壳。体青灰色，腹部灰白色，各鳍均为灰黑色。

分布与习性：出现猫跳河等河 – 库交汇区。底层鱼类，栖息螺、蚬类丰富的区域。以螺类、湖沼股蛤、蚬和小蚌为食。在河流产漂流性卵，即使能产卵也不能自行孵育成小鱼。

渔业利用：个体大，质量高，每100克鱼肉含蛋白质19.5克、脂肪5.2克，颇受群众欢迎，但数量较少。由于软体动物剩余资源较丰富，可适当增加放流量。熏制品很受欢迎。

6. 草鱼

地方名：草鱼。

分类地位：鲤科，雅罗鱼亚科。

鉴别特征：成体体长可达30 ~ 80厘米。体延长，前部亚圆筒形，尾部稍侧扁，腹圆无棱。背鳍3.7厘米，臀鳍3.8厘米。背鳍短，无硬刺。尾鳍叉形。头中大，头背宽平。吻圆钝。口端位，弧形。鳃耙14 ~ 15个，短小，排列稀疏。下咽齿很发达，形似铡刀，边缘具斜沟。鳞大，侧线鳞38 ~ 42片。成熟雄鱼在繁殖季节胸鳍第1 ~ 4根鳍条上布满珠星，胸鳍略呈扇形，鳍条较细短。雌鱼胸鳍鳍条上半部有少量珠星，其鳍条粗长而大。下咽齿2.5 ~ 4.2个。体呈黄色，背部青灰，腹部灰白色。背鳍和胸鳍深青色，其余各鳍色较淡。

分布与习性：出现芙蓉江等河 – 库交汇区。生活于河 – 库交汇区及库湾水草生长区域。游泳迅速，性活泼，分散活动。典型草食性鱼类。成鱼以苦草、轮叶黑藻竹叶眼子菜为主要食物。食量很大，饥饿时能吞食小鱼及枯草。在河流产漂流性卵。

渔业利用：渔获量不高，在捕捞中时有捕获。有"除草之王"称谓，故被美国引种放流湖泊，以取代机械除草，但后期种群数量猛增，过度"除草"而破坏水域生态平衡，故应控制放流量。每100克鱼肉含蛋白质18克、脂肪43克。人们往往以草鱼肉替代青鱼肉，可获相似的烹调效果。熏制品比较普及，颇受欢迎。

7. 尖头大吻鲹

地方名：天平溪称竹叶鱼，体色似竹叶颜色而得名；云源港白马溪白马乳洞称油鱼，因鱼油丰富而得名。

分类地位：鲤科，雅罗鱼亚科。

鉴别特征：成体体长可达4 ~ 10厘米。体长梭形，腹圆无棱。背鳍3.7厘米，臀鳍3.7厘米。背鳍短小。胸鳍小，末端稍尖。腹鳍短小，末端伸达肛门。臀鳍起点在背鳍基部之后。尾鳍叉形，上下叶末端尖。口前位，下唇薄，刮食周丛生物和捕食蜉蝣（稚虫）等生物。侧线鳞 78 ~ 83 片。鳃耙 7 ~ 8 个。体具与环境相似的墨绿色，侧上部有小黑点；被捕获后活体或死体，体色均趋黄色。圆鳞，较细小，侧线鳞后延至尾栖正中。各鳍散布小黑点。

分布与习性：该属鱼种类多，为喜冷性小型鱼类。分布俄罗斯、朝鲜等地水域，我国主要分布北方黑龙江、乌苏里江、松花江、绥芬河、鸭绿江、乌江等水系，仅黑龙江就有 7 种之多，而新疆北部分布阿尔泰山鲅，伊犁河则分布另外一种短尾鲂，还有绥芬鲅等。南方仅有尖头鲅，即尖头大吻鲅。

主要栖息于溪流上游溪段，抗急流能力强，适应源头急流中生活。早年曾在西湖灵隐寺前小溪捕获数十尾，现已在乌江流域多条溪流源头、岩洞、上游或与其相通的水库发现。以周丛生物为主要食物。产卵于石砾。终年喜栖低温、高氧溪流源头或上游的石砾之间。10 月捕获个体。

渔业利用：为当地人喜食品种，为极好垂钓对象。可饲养观赏，在水族箱养殖后体呈淡黄色。此鱼形如竹叶，鲜美独特，成为贡品。

8. 似鲌

地方名：青条丝。

曾用名：锯齿鳊。

分类地位：鲤科，鲌亚科。

鉴别特征：成体体长可达 10 ~ 13 厘米。体极侧扁。腹棱完全。背鳍 3.7 厘米，臀鳍 3.17 ~ 3.18 厘米。背鳍具硬刺，第二根硬刺后缘有明显锯齿，鳍基位于体中部。臀鳍长，起点位于背鳍基部后端下方。胸鳍基部腋鳞小乳突状。腹鳍不伸达肛门。尾鳍叉形，下叶略长。头短小。侧线鳞 60 ~ 62 片。侧线在胸鳍上方急剧向下弯折，形成近 120° 的角，沿腹侧行至尾栖又向上弯折至尾栖中线。鳃耙 25 ~ 27 个。下咽齿 3.5 ~ 4.2 或 2.4 ~ 5.2 个。体银白色，体上半部青灰色，各鳍淡灰色。

分布与习性：栖息余庆河河 - 库交汇区及沿岸缓流区。以浮游动物、水生昆虫和藻类为食。1 龄鱼即达性成热，5—7 月产卵。

渔业利用：小型食用鱼。数量少。

9. 红鳍原鲌

地方名：塘白。

分类地位：鲤科，鲌亚科。

鉴别特征：成体体长可达 10 ~ 25 厘米。体侧扁，头后背部显著隆起，腹棱自胸鳍基部达肛门。腹鳍基部处明显内凹。背鳍3.7厘米，臀鳍3.26 ~ 3.27厘米。背鳍第三根刺光滑。胸鳍长。尾鳍叉形。口上位，下颌上翘，口裂与体纵轴几乎垂直，适用于捕获中上层鱼类。侧线前段略向下弯曲，后段向上延至尾柄正中。侧线鳞65 ~ 68片。鳃耙24 ~ 28个。背部灰黑色，体侧面银白色，体侧鳞片后缘具黑色素斑点。背鳍灰白色，腹鳍、臀鳍和尾鳍下叶均为橘黄色。

分布与习性：栖息郁川溪姜家镇、武强溪汾口镇河 – 库交汇区及库湾沿岸区域。主要摄食小型鱼类及各种幼鱼、小虾、水生昆虫、浮游动物等。汛期溯至武强溪河 – 库交汇区栗园里一带草上产卵，产卵季节在雄鱼头部和胸鳍上有珠星。

渔业利用：可食用，产量不高。

10. 飘鱼

地方名：鳌白条、白浪丝。

分类地位：鲤科，鲌亚科。

鉴别特征：成体体长可达18 ~ 24厘米。体延长，极侧扁。背鳍3.7厘米。臀鳍3.23 ~ 3.25厘米。背鳍无硬刺，短小，位于体后半部。臀鳍长，起点与背鳍基部终点相对。胸鳍不达腹鳍基部腋鳞发达。腹鳍小。尾鳍深叉形。头小。眼中等大小。体背部几平直，腹部弧形，腹棱明显，似刀状。口端位，斜裂，下颌有一突起与上颌中央凹陷相吻合。侧线鳞66 ~ 70片，侧线完全，在胸鳍上方急剧向下弯曲，延伸至体下侧部直至尾柄中央。鳃耙13 ~ 14个。背部及上侧部青褐色，下侧部及腹部银白色。背鳍、臀鳍、尾鳍灰黑色。

分布与习性：溪流主河道中不出现，栖息河 – 库交汇区及库湾，集群活动，贴近水面漂游。主要摄食水生昆虫、浮游动物、鱼苗，也食藻类和植物碎片等。6—7月繁殖季节有结群向新安江上游溯洄产卵现象，或在水流及风生流作用下结群草上产卵。

渔业利用：小型经济鱼类。在新安江水库蓄水初期可占总产量的20%左右，目前仍占一定产量。每年5—7月大群飘鱼溯河洄游时，是定置张网的重要渔业对象之一。制罐头或干制后，味美，颇受欢迎。

11. 团头鲂

地方名：鳊鱼、武昌鱼

分类地位：鲤科，鲌亚科。

鉴别特征：成体体长可达20 ~ 38厘米。体侧扁，呈菱形，头后背部显著隆起，腹棱自腹鳍基部到肛门。背鳍3.7厘米，臀鳍3.27 ~ 3.29厘米。背鳍位于体背中央，高而突出，具有强大光滑硬刺。臀鳍基长，无硬刺。尾鳍叉形。头短小而钝。上下颌具角质"喙"，但不及鲂发达。侧线纵行于体轴下方，侧线鳞 55 ~ 57 片，鳃耙 12 个。体灰黑色，鳞片黑色素稀小，在体侧呈纵纹状排列。各鳍青灰色。

分布与习性：原产湖北省鄂州市梁子湖。是主要放养对象之一，现栖息乌江流域各支流河－库交汇区下游水草多的区域，以水草和藻类为食。是否能自然繁殖尚未定论。

渔业利用：因含脂量高，肉嫩鲜美，深受欢迎。1956 年毛泽东的"才饮长江水，又食武昌鱼，万里长江横渡，极目楚天舒……"诗词发表，使武昌鱼名声大震。它是乌江流域人工放流重要对象之一，常有捕获，有的个体较大。

12. 鲂

地方名：三角鳊、鳊鱼。

分类地位：鲤科，鲌亚科。

鉴别特征：成体体长可达 20 ~ 50 厘米。体高而侧扁，略呈菱形，头后背部隆起，腹棱自腹鳍基部到肛门。背鳍 3.7 厘米，臀鳍 3.28 ~ 3.29 厘米。背鳍具硬刺，位于鱼体最高处，刺长一般大于头长。雄鱼胸鳍长于雌鱼，臀鳍长，尾鳍叉形。头小，眼大，10 厘米以上个体具有表皮角质化形成的黄褐色而坚硬的角质"喙"，适用于咬住或咬碎湖沼贝蛤等软体动物。20 厘米以上个体角质"喙"已相当发达。侧线鳞 52 ~ 59 片，鳃耙 16 ~ 22 个。头及体背部灰黑色，每个鳞片边缘灰黑色，因此呈现灰黑色纵带。

分布与习性：栖息六猫跳河的河－库交汇区等石砾、沿岸静水区域。以软体动物、水生植物、藻类为食。摄食湖沼贝蛤，还夹带一些藻类等。汛期在溪流石砾上产卵。

渔业利用：自古视为鱼中上品，鱼中佼佼者。为乌江流域中下游重要经济鱼类，颇受食者欢迎，现已经人工养殖。

13. 大眼华鳊

地方名：黄颜、大眼鳊、旺旺鳊、黄颜皮。

分类地位：鲤科，鲌亚科。

鉴别特征：成体体长可达 12 ~ 15 厘米。体侧扁，头后半部隆起，胸腹部扁平，腹棱自腹鳍基部至肛门。背鳍 3.7 ~ 3.8 厘米。臀鳍 3.21 ~ 3.23 厘米。背鳍起点位于背部最高处，背鳍具 3 根光滑硬刺。尾鳍叉形，下叶略长。头小，眼大。侧线鳞 52 ~ 60 片，鳃耙 10 ~ 12 个。体背部灰黑色，侧腹部银白色，胸鳍色淡，其余各鳍浅灰色。

分布与习性：溪流主河道中几乎不出现，主要河－库交汇区或库湾浅水区。以水生昆虫、小型甲壳类、虫卵、周丛生物和有机碎屑为食。产卵浅水微流石砾处。关于一年中5—7月和9月两次产卵，造就强大种群的问题，还需研究加以验证，尤其是9月产卵亲鱼的性腺发育特点、产卵行为、仔幼鱼显现等。

渔业利用：支流少见，大量出现河－库交汇区及库区沿岸区，尤其5—6月繁殖季节产量高。虽然个体较小，但上市量大而集中，颇受食者欢迎。除鲜食外常烘干、加工出售，有较高渔业价值。

14. 翘嘴鲌

地方名：白花、翘嘴、白水。

分类地位：鲤科，鲌亚科。

鉴别特征：成体体长可达20～80厘米。体侧扁而延长。头背部轮廓平直，头后背部稍隆起。腹棱明显，从腹鳍基部至肛门。背鳍3.7～3.8厘米。臀鳍3.21～3.24厘米。背鳍第三根鳍条为光滑硬刺，臀鳍基部较长，尾鳍叉形。口较大，上位，口裂与体纵轴几乎垂直，下颌肥厚，适于捕获中上层鱼类。眼较大，侧线鳞86～90片，鳃耙24～29个。体背部青灰色，腹部银白色，尾鳍青灰色，其余各鳍灰黑色。

分布与习性：栖息余庆河、六池河等河－库交汇区。喜栖于库湾开阔水面的中上层及库区浅水区域。性情活泼，喜跳跃。以鳘条、飘鱼鲴、鲢、鳙、鲌类小鱼以及大型浮游动物等为食。汛期洄溯至新安江上游及其他支流产卵，或浅水微流处石砾产卵。繁殖力较强，种群数量较大。尤其繁殖季节产卵群体结集在各支流河－库交汇点下游，待机溯洄产卵，其时产量高。

渔业利用：重要经济鱼类之一。生长快，肉味鲜美细嫩，每100克鱼肉含蛋白质18.6克、脂肪46克。"清炖白鱼头""浪里白条"颇受民众欢迎。在太湖地区俗称"太湖白鱼"，在我国台湾日月潭地区被誉为"总统鱼"。它的产量不及蒙古鲌。

15. 蒙古鲌

地方名：红珠、珠红。

分类地位：鲤科，鲌亚科。

鉴别特征：成体体长可达20～45厘米。体长而侧扁，头部背面平坦，头后背部微隆起。腹部自腹鳍基部至肛门之间有腹棱。背鳍3.7厘米，臀鳍3.20～3.23厘米。背鳍第三根鳍条为光滑硬刺。胸鳍短。尾鳍叉形。口亚上位，口裂稍斜。侧线鳞70～78片。鳃耙18～19个。体背侧部浅棕色，腹部银白色。背鳍灰褐色，尾鳍上叶淡黄色略带红色，下叶橘红色，边缘微黑。其余各鳍黄色带微红。

分布与习性：栖息于流域中段河－库交汇区及库湾等。行动迅速，性情活泼，以"狼群"战术结群捕食其他鱼类。尤其在水库鱼种放养时期，常结群追捕鱼种，对小规格鱼种危害较大。摄食鲢、鳙、鲴类、鳘条和虾等。

渔业利用：重要经济鱼类之一。个体较大，分布很广，繁殖力很强，种群数量大。尤其繁殖季节庞大产卵群体结集在各支流河－库交汇点下游，待机溯洄产卵，其时产量甚高。

16. 达氏鲌

地方名：塘鲌。

分类地位：鲤科，鲌亚科。

鉴别特征：成体体长可达 12 ～ 25 厘米。体长而侧扁，头后背部隆起，自腹鳍基部到肛门间腹棱明显，腹鳍基部处微凹。背鳍 3.5 ～ 3.7 厘米，臀鳍 3.24 ～ 3.30 厘米。背鳍位体中部，第三根刺强大。臀鳍基部长。尾鳍叉形。头小，吻稍尖，眼中大。侧线鳞 64 ～ 72 片。鳃耙 19 ～ 22 个。体上部呈灰色，背部深灰褐色，腹部银白色。各鳍均青灰色。

分布与习性：栖息于石阡河等河－库交汇区及库湾处。生长较慢，常见的个体体长在 25 厘米以下，体重 250 克左右。以虾虎鱼、虾类等为食，还摄食水生昆虫、枝角类等。产卵河－库交汇区浅水带石砾或草丛上，繁殖期雄鱼头部有珠星。

渔业利用：在鲌属鱼类中属中等大小的种类，产量不高。

17. 鳊

地方名：鳊鱼、本地鳊、草鳊。

分类地位：鲤科，鲌亚科。

鉴别特征：成体体长可达 25 ～ 38 厘米。体高而侧扁，头后背部隆起。腹棱完全。背鳍 3.7 ～ 3.8 厘米，臀鳍 3.31 ～ 3.32 厘米。背鳍位于身体最高处。腹鳍不达肛门，臀鳍在背鳍基后端下方。臀鳍基长，尾鳍叉形。头小。口端位，斜裂。侧线鳞 5 ～ 59 片。鳃耙 15 ～ 18 个。体银白色，背部青灰略带浅绿色。各鳍灰白色。

分布与习性：湘江河－库交汇区等区域。以周丛生物、水生植物等为食。

渔业利用：肉味较美，但数量甚少。

18. 黄尾鲴

地方名：黄尾。

分类地位：鲤科，鲴亚科。

鉴别特征：成体体长可达 15 ~ 25 厘米。体长侧扁，腹部有一很短腹棱或无腹棱。背鳍3.7厘米，臀鳍3.10 ~ 3.12厘米。背鳍有光滑硬刺，尾鳍叉形，头圆锥形。口亚下位，横裂，弧形，上唇较肥，下颌角质边缘比较发达，适于刮食周丛生物。侧线鳞64 ~ 68片，鳃耙51个，鳃盖骨后缘有一柠檬黄斑条，尾鳍鹅黄色。

分布与习性：栖息洪渡河、猫跳河等河 – 库交汇区及库湾浅水处等区域。主要刮食周丛生物和植物碎屑。春季涨水时在急流浅滩石砾处产卵。

渔业利用：重要经济鱼类之一，新鲜使用或者制成鱼干均可。

19. 细鳞鲴

地方名：黄力梢、黄尾。

分类地位：鲤科，鲴亚科。

鉴别特征：成体体长可达 20 ~ 28 厘米。体长而侧扁，肛门前有腹棱，其长为腹鳍至肛门间距离的 3 ~ 4 倍以上。背鳍3.7 ~ 3.8厘米，臀鳍3.11 ~ 3.12厘米。背鳍有一光滑硬刺。尾鳍叉形。口小，横裂，浅弧形，下颌有发达角质边缘，适于舔刮周丛生物。侧线鳞70 ~ 78片，鳃耙45 ~ 48个，背部灰黑色，腹部白色，尾鳍橘黄色，其余各鳍灰白色。

分布与习性：栖息六冲河等河 – 库交汇区及库湾浅水处。生长快，主要摄食周丛生物和有机碎屑。有溯洄石砾产卵习性，在大小支流中下游河口或滚水坝下游急流处均可产卵。繁殖条件要求较低，种群增殖能力强。

渔业利用：重要经济鱼类之一。鲜食或制成鱼干均可。

20. 圆吻鲴

地方名：乌力梢。

分类地位：鲤科，鲴亚科。

鉴别特征：成体体长可达 15 ~ 23 厘米。体长，稍侧扁，腹圆无棱。背鳍3.7 ~ 3.8厘米，臀鳍3.9 ~ 3.11厘米。背鳍有一光滑硬刺，胸鳍不达腹鳍，腹鳍不达臀鳍，尾鳍叉形。口下位，横裂，字形，下颌具有发达的角质边缘，适于刮食周丛生物。侧线鳞72 ~ 79片，鳃耙72 ~ 74个，体背部深褐色，体侧有10纵行黑色斑点组成的条纹。

分布与习性：原喜栖溪流上游急水处，现多数支流主河道已为数不多，主要栖息河 – 库交汇区及库湾沿岸带周丛生物丰富区域。以周丛生物、有机碎屑等为食，像推土机一样从石头上刮取周丛生物，留下一道带状痕迹。汛期溯洄产卵于石砾上，在大小支流中下游、河口或滚水坝下游急流处均可产卵。

渔业利用：重要经济食用鱼类之一。鲜食或制成鱼干均可。因摄食周丛生物，捕获后若不及时处理，内脏很容易腐烂，并损害鱼肉品质。

21. 鳙

地方名：花鲢、乌鲢。

分类地位：鲤科，鲢亚科。

鉴别特征：成体体长可达 40 ~ 80 厘米。体侧扁，较高。腹部从腹鳍至肛门有腹棱。背鳍 3.7 厘米，臀鳍 3.12 ~ 3.13 厘米。腹鳍末端几达肛门。尾鳍深叉形。成熟雄鱼胸鳍的前面数根鳍条上有向后倾斜的骨质棱，锋口呈刀口状，是副性征。雌鱼则光滑，无骨质棱。头大，前部宽阔，成鱼头长大于体高。吻钝、阔而圆。口端位，口裂向上倾斜。眼小，下侧位，眼间距宽。鳃耙细密而不相连，鳃耙 400 个以上，一般随年龄增长而增加。有鳃上器。侧线鳞 97 ~ 108 片。体背侧部灰黑色，体侧有许多不规则黑色斑点，腹部银白色，各鳍灰白色，并有许多黑斑。

分布与习性：栖息库区，繁殖季节出现猫跳河等河 - 库交汇区。鳙性情温驯，俗称"吃水鱼"，终生以浮游动物为主食，兼食浮游植物。

渔业利用：每 100 克鱼肉含蛋白质 16.26 克，脂肪 3.04 克，是乌江流域"淳"牌有机鱼最主要种类之一，并已成为著名品牌，用鱼头烹饪制作的各种有机鱼头菜肴享誉国内外，经济价值高，颇受国内外人士欢迎。它是我国"年年有鱼"种草鱼、青鱼、鲢、鳙中的重要种类之一。20 世纪 60 年代美国以"生物方法"治理水域中泛滥的水生植物与藻类为由，从中国引进四大家鱼作为"清洁员"。由于 20 世纪 90 年代洪水影响，它们从养殖场逃逸，进入密西西比河，与土著鱼类食物竞争激烈，成为当地鱼类群落中强者，故美国曾斥巨资加以控制。

22. 鲢

地方名：白鲢。

分类地位：鲤科，鲢亚科。

鉴别特征：成体体长可达 30 ~ 50 厘米。体侧扁，背部圆，腹部窄，腹部从胸鳍至肛门有腹棱。背鳍 3.7 厘米，臀鳍 3.12 ~ 3.13 厘米。胸鳍后端伸达腹鳍基。腹鳍末端不伸达肛门。成熟雄鱼胸鳍的第一根鳍条上有明显骨质细栉齿，是副性征。雌鱼则光滑，无栉齿。尾鳍叉形。头中大，头背部阔。口端位。眼小，位于体侧中轴之下。鳃耙特化，彼此联合呈海绵状质片。鳃上方有螺形鳃上器。鳞小。侧线鳞 97 ~ 112 片。体背部淡黑色，侧腹部银白色。胸、腹鳍灰白色，背鳍和尾鳍边缘黑色。

分布与习性：栖息库区，繁殖季节出现于余庆河河－库交汇区。性情急躁，善于跳跃，俗称乌江"鱼舞之王"。主要摄食浮游植物，同时也吞食有机碎屑及部分小型浮游动物。本库即使产卵也不能自行孵育成小鱼。

渔业利用：每100克鱼肉含蛋白质15.80克，脂肪5.56克，它是乌江流域"淳"牌有机鱼主要种类之一。鲢与鸡蛋（全蛋）、鸡肉相比，胆固醇含量较低，分别为103毫克/100克、680毫克/100克、117毫克/100克。鲢善跳，在拦、赶、刺、张联合渔法捕捞过程中，大量鲢鱼此起彼伏跃出水面，成为极具观赏价值的"中华一绝，巨网捕鱼"，是乌江流域旅游的一个独特亮点项目。

23. 中华鳑鲏

地方名：鳑鲏。

分类地位：鲤科。

鉴别特征：成体体长可达5～8厘米。体卵圆形，侧扁。背鳍及臀鳍均无硬刺。背鳍2.11～2.12厘米，臀鳍2.11～2.12厘米。背鳍起点位体中央。尾鳍叉形，口小，无须。纵列鳞32～33片，侧线不完全，有4个鳞片。鳃耙11～12个，体背部绿褐色，腹部浅红色。自尾柄中线至背鳍起点有一黑色细纹，鳃盖后方第一和第五个鳞片处各有一不明显的黑斑，眼球上部有一红斑，侧线以上鳞片后缘黑色。各鳍浅黄色，生殖期雄鱼吻端有白色珠星，雌鱼产卵管长，淡红色。

分布与习性：栖息洪渡河等河－库交汇区及库湾等浅水处或水生维管束植物生长区域。以周丛生物、有机碎屑等为食。产卵贝壳内。

渔业利用：习见小型鱼类。可食用，经济价值不大。

24. 高体鳑鲏

地方名：鲂鲏。

分类地位：鲤科。

鉴别特征：成体体长可达4～7厘米。体卵圆形，颇侧扁，头背后显著隆起。背鳍2.11～2.12厘米，臀鳍2.11～2.12厘米。背鳍及臀鳍无硬刺，胸鳍不达腹鳍，尾鳍叉形，无须。侧线不完全大多终止于第5～6个鳞片，纵列鳞32～33片，鳃耙11～12个。大部分鳞片后缘黑色，鳃盖后上方有一黑色圆斑，第4～5个鳞片处亦有一大而不显的圆斑。尾柄中线有一纵行黑线，一般延伸至背鳍第四分枝鳍条下方，雄鱼吻端及眶前骨等处具淡白色珠星，背鳍有两列黑纹，臀鳍微黑，腹鳍亦略带黑色。

分布与习性：栖息富强溪临岐镇、新安江深渡镇河－库交汇区及库湾等浅水处或水生维管束植物生长区域。

渔业利用：习见小型鱼类。可食用，经济价值不大。

25. 彩石鳑鲏

地方名：鳑鲏。

分类地位：鲤科。

鉴别特征：成体体长可达 4 ~ 6 厘米。体侧扁，轮廓略呈纺锤形。背鳍 3.9 厘米，臀鳍 3.10 厘米。背鳍及臀鳍无硬刺。胸鳍末端不达腹鳍。腹鳍末端不达臀鳍，尾鳍叉形。头小，吻短，眼上侧位，体被圆鳞，侧线鳞片仅 4 个，纵列鳞 33 ~ 35 片。鳃耙 4 个。背部灰色。鳃孔后方第 1 个侧线鳞上有一个黑斑。沿尾栖中线有黑色纵纹，延伸至背鳍起点前下方，雄鱼的臀鳍有黑边，繁殖季节雄鱼吻端有白色珠星。

分布与习性：栖息中游河 - 库交汇区及库湾等浅水处或水生维管束植物生长区域。

渔业利用：习见小型鱼类。可食用，经济价值不大。

26. 麦穗鱼

地方名：水尺头，曾称罗汉鱼。

分类地位：鲤科，鮈亚科。

鉴别特征：成体体长可达 5 ~ 6 厘米，体长形而侧扁。背鳍 3.6 ~ 3.7 厘米，臀鳍 3.6 厘米。背鳍臀鳍无硬刺，胸鳍不达腹鳍，尾鳍叉形。口上位，唇薄，下唇不分叶，无须。侧线鳞 23 ~ 35 片，鳃耙 7 ~ 9 个。体背、侧面暗黑，腹部银白色。背鳍有一黑色斜纹，鳞片后缘有新月形黑色斑纹，吻部有白色珠星，自吻端沿体轴中线至尾鳍基有一黑色条纹，在头部穿越眼中部，雄鱼体色较雌鱼深。

分布与习性：分布较广，栖息下游溪段或河 - 库交汇区，以水生昆虫、水蚯蚓、枝角类、桡足类、周丛生物为食。繁殖期雄鱼头部有珠星，鳍变黑色，体色深。雌鱼具短小产卵管，卵具黏性，黏附于近水面硬物上孵化，孵化期间雄鱼有护卵习性。

渔业利用：可食用，据测定，这种鱼的肌肉（鲜样）含水量为 77.59%、粗蛋白质为 16.11%、粗脂肪为 3.20%、灰分为 1.71%，含 17 种氨基酸（缺色氨酸），其水解氨基酸总量占鲜样总量的 10.41%，占粗蛋白质的 62%，含量最高的前三位为赖氨酸、亮氨酸和谷氨酸。

27. 长麦穗鱼

地方名：笔杆鱼。

分类地位：鲤科，亚科。

鉴别特征：成体体长可达 7 ~ 10 厘米，体细长而微侧扁。背鳍 3.7 厘米，臀鳍 3.6 厘米。背鳍短高无硬刺，腹鳍短小，起点位于背鳍起点下方略前，臀鳍短小，起点位于背鳍起点下方略前，肛门紧靠臀鳍，尾鳍叉形。头尖，口小，眶下骨较大。鳃盖膜开阔，与颊部相连，侧线鳞 40 ~ 41 片，鳃耙 8 个。体淡棕色。由吻端经眼直至体末端有一黑褐色粗直条纹，两直纹间尚有 9 条纤细的纵纹，这些纵纹均由每行鳞片中部的黑色小点组成。背鳍、尾鳍偶有黑点，尾鳍正中有一颜色颇深的长形黑斑，往往与体侧粗直黑纹相连。

分布与习性：栖息流域沿岸缓流处。

渔业利用：数量少而稀有，有研究价值。

28. 石斑鱼

地方名：石斑鱼、典型石斑鱼。

分类地位：鲤科，鮈亚科。

鉴别特征：成体体长可达 7 ~ 15 厘米。体梭形而侧扁，腹部圆形。背鳍 3.7 厘米，臀鳍 3.6 厘米。背鳍、臀鳍较短，胸鳍末端达背鳍起点下方。腹鳍起点位于背鳍起点稍后下方。尾鳍分叉较浅，吻突出，口小，下位，马蹄形。口须退化，仅留痕迹。体具圆鳞，胸、腹部具小鳞，侧线鳞 40 ~ 41 片。鳃耙 7 ~ 8 个。体背灰黑色，杂有黄棕色，腹膜灰白色，体侧有 4 条直而不太规则的宽黑带，各鳍灰黑色缘白色。繁殖季节雄鱼吻部具珠星，体色及各鳍均变浓黑色。雌鱼的产卵管延长，较鳔鲅产卵管短。

分布与习性：栖息六冲河、六池河等河 – 库交汇区水流处。以周丛生物、摇蚊幼虫、小螺等为食。

渔业利用：重要经济鱼类之一。著名菜肴"石斑鱼"的最重要原料，民间饕餮佳肴已驯化养殖。

三、补遗及新外来物种

（一）鲤形目

1. 银鮈

地方名：红贡、棍子鱼。

分类地位：鲤科。

测量标本：6 尾，体长 7.8 ~ 11.5 厘米，采自姜家农贸市场，捕自乌江流域下游及河库交汇区。

形态特征：体长为体高的 4.46 ~ 5.11 倍，为头长的 4.11 ~ 4.48 倍，为尾柄长的 5.15 ~ 5.79 倍，头长为吻长的 2.62 ~ 3.06 倍，为眼径的 3.25 ~ 3.67 倍，为眼间距的 3.43 ~ 3.79 倍。尾柄长为尾柄高的 1.90 ~ 2.15 倍。体长，前部近圆间形，背鳍后背部稍隆起。吻稍尖。口亚下位，略呈马蹄形。上下颌均无角质边缘。唇薄，下唇侧叶狭，后唇沟中断。口角有须 1 对，较长，几与眼径等长，其末端达眼球正中下方，眼较大，侧线完全，背鳍无硬刺，起点距吻端较距尾鳍基为近。胸鳍不达腹鳍，臀鳍短，起点距腹鳍基与距尾鳍基相等。肛门近尾鳍，位于腹鳍基与臀鳍间后 1/3 处，尾鳍叉形。背部银灰色，体侧及腹部银白色，体侧中轴自鳃孔上角至尾鳍基有一条银白色条纹。各鳍灰白色。

渔业利用：分布广，小型食用鱼，常为垂钓对象。数量较多。

2. 亮银鮈

地方名：红贡。

曾用名：西湖颌须鮈、西湖银鮈。

分类地位：鲤科，蔄亚科。

测量标本：5 尾，体长 5.6 ~ 6.2 厘米。

形态特征：体长为体高的 4.0 ~ 4.67 倍，为头长的 3.59 ~ 3.87 倍，为尾柄长的 5.55 ~ 7.25 倍为尾柄高的 9.33 ~ 10.77 倍。头长为吻长的 3.00 ~ 3.40 倍，为眼径的 3.00 ~ 3.78 倍，为眼间距的 3.20 ~ 4.25 倍。尾柄长为尾柄高的 1.33 ~ 1.83 倍。体稍侧扁，头后背部处稍隆起，至背鳍起点为最高，由基部向后渐次降低，尾柄较细长，胸腹部稍圆。头中等大，头长通常大于体高。吻略近锥形，长度等于或稍大于眼径。口近端位，上颌稍较下颌长，上下颌均无角质边缘。唇薄、简单，下唇狭窄。唇后沟中断。须 1 对，位口角，其长稍大于眼径。眼较大，侧上位。眼间稍狭窄，平坦或微凹。体鳞较大，胸腹部具鳞。侧线完全，平直。背鳍短小，无硬刺，起点至吻端的距离较至尾鳍基部为近，约与至臀鳍末端的垂直距离相等。胸鳍短，向后伸不达腹鳍起点。腹鳍位于背鳍起点的下方略后，起点与背鳍第一、第二根分枝鳍条相对，末端可伸达肛门。肛门近臀鳍，位于腹鳍基与臀鳍起点间后。臀鳍短，在腹、尾鳍基的中点。尾鳍分叉深，上下叶等长。体银白色，背部及体侧上部较深暗，近银灰色。体中轴沿侧线具有浅黑色斑纹 1 条，前浅后深，其上有 1 列深黑斑点。背鳍、尾鳍淡黄色，两边有黑色素分布，偶鳍浅灰色，臀鳍灰白色。

渔业利用：小型食用鱼，常为垂钓对象，数量较少。

3. 建德小鳔鮈

地方名：棍子鱼。

分类地位：鲤科，鮈亚科。

测量标本：8尾，体长 7.3 ～ 8.2 厘米。

形态特征：雄性体长为体高的 3.78 ～ 4.24 倍，为头长的 4.56 ～ 5.27 倍，为尾栖长的 5.33 ～ 5.86 倍，为尾栖高的 7.20 ～ 8.00 倍。头长为吻长的 2.07 ～ 2.77 倍，为眼径的 3.88 ～ 5.00 倍，为眼间距的 2.73 ～ 3.60 倍。尾栖长为尾栖高的 1.30 ～ 1.36 倍。雌性体长为体高的 3.94 ～ 5.44 倍，为头长的 4.50 ～ 5.24 倍，为尾栖长的 5.48 ～ 6.26 倍，为尾栖高的 7.38 ～ 9.71 倍。头长为吻长的 2.33 ～ 2.70 倍，为眼径的 3.00 ～ 4.67 倍，为眼间距的 2.33 ～ 3.38 倍。尾栖长为尾栖高的 1.25 ～ 1.71 倍。体长，稍侧扁，背隆起成弧形，腹部圆而平直，尾栖较高。头较短而宽，其长度比体高短。吻圆钝，较眼后头长为长，在眼前鼻孔间陡然下陷，明显向前突出。口下位，马蹄形，口裂较小。唇肥厚发达，上唇前缘为一排紧挤在一起的侧扁乳突，其两侧和末端为小珠状乳突，下唇中叶为 1 对表面光滑椭圆形的半球体，侧叶的表面为珠状乳突，在口角与上唇末端相连。上下颌都被有较薄的角质边缘。口角有短须 1 对，其长度约为眼径的 1/2。眼较小，侧位偏于头顶，眼间距宽而平，稍大于眼径。鳃膜与颊部相连，下咽齿顶端作钩状。鳃耙不发达，鳞较大，胸部无鳞。侧线平直，腹膜灰黑色，鳔 2 室，前室包于韧质膜囊内，后室小。肠长为体长的 3.2 倍。背鳍高，无硬刺，背鳍条特长，最后一根分枝鳍条的末端与臀鳍起点相对或超过。起点距吻端较其基部后端距尾鳍基为远，胸鳍尖长，几达腹鳍起点，臀鳍短，尾鳍分叉浅。雄性的背鳍异常高大，倒伏后其末端被覆于臀鳍上方，起点偏近吻端，位于背部隆起最高处，其最后不分枝鳍条为软刺。雌性背鳍中等大，后缘平直。胸鳍发达，其末端接近腹鳍起点。腹鳍起点在背鳍基部中点的下方。臀鳍起点位于腹鳍基部至尾基之间的中点。尾鳍叉形，分叉较浅。肛门位于腹鳍与臀鳍中点。性成熟后，婚姻色明显，两性形态和体色有所不同。雄性背鳍更大，后缘圆形。体青灰色，头部和背部略带暗色，繁殖季节黑色较深。侧线以及侧线以上的鳞片均具小黑点，排列成 4 纵列。腹部白色微带黄。胸鳍、腹鳍、臀鳍、背鳍基部呈黑色。胸鳍、腹鳍、尾鳍边缘带橘红色。背鳍分枝鳍条显红色。体中轴处有 11 ～ 12 个黑色斑块。背鳍、胸鳍、腹鳍、臀鳍、尾鳍橘黄色，繁殖时，鱼体整个为暗紫红色，显得十分艳丽。保存于甲醛的标本红色消退，背部转为浅灰黑色，体侧浅灰白色，在鱼体背侧及附近的每一鳞片后缘，都有一黑色小点，组成体侧断续的纵纹。

各鳍鳍条灰黑色,鳍膜灰白色。生活习性溪流性鱼类。栖息于滩下水流稍为平缓的溪底。以水生昆虫幼体、附着藻类等为食。

渔业利用:分布区域较狭,多栖于乌江流域的溪流中。可食用,为稀有种类,体型小,数量少。

4. 桂华鲮

分类地位:鲤科,野鲮亚科。

测量标本:1尾,体长20.8厘米。

形态特征:体长为体高的4.43倍,为头长的4.73倍,为尾栖长的5.78倍,为尾栖高的6.50倍。头长为吻长的2.10倍,为眼径的4.89倍,为眼间距的2.10倍。尾栖长为尾栖高的1.13倍。体侧扁,背部在背鳍前稍隆起,腹部圆,尾栖高而短。吻突出,前端圆钝。口下位呈弧形,下唇有深沟和下颌分离。下唇内外缘具肉质乳突。唇后沟短,在颏部中央中断,吻须消失。口角须短小,位口角深沟内。眼中大,鼻孔位眼前位,距眼前缘比距吻端近。鳞中大,胸部鳞小,腹鳍基具狭长腋鳞。侧线平直而完整,背鳍无硬刺,起点在腹鳍之前,距吻端较至尾鳍基为近。胸鳍长约等头长,其第二分枝鳍条最长。腹鳍距吻端较至尾鳍基为远。胸鳍不达腹鳍,臀鳍末端后伸不达尾鳍基,肛门近臀鳍,尾鳍叉形。体青绿色,背部深,腹部灰白,体侧鳞片中心有红点,各鳍灰黑色以周丛生物、植物碎屑为食。

渔业利用:网箱逃逸种类,偶有捕获。

5. 扁尾薄鳅

地方名:鳅。

分类地位:鳅科。

测量标本:1尾,体长8.4厘米。

形态特征:体长为体高的8.40倍,为头长的5.09倍,为尾栖长的5.25倍,为尾栖高的8.40倍。头长为吻长的1.74倍,为眼径的8.25倍,为眼间距的8.25倍。尾栖长为尾栖高的1.60倍。体侧扁狭长,背隆起呈低弧形,腹圆平直,尾栖背腹两侧有明显的皮褶,使尾栖更显扁薄。头尖钝,较短小,吻钝圆,口下位,呈马蹄形。眼小,侧上位,位于头部中点略近吻端,眼下刺不分叉,末端稍稍超越眼的后缘。鼻孔靠近眼前上侧。具须3对,吻须2对,颌须1对。鳃膜于胸鳍基部下侧相连鳃孔小。体被十分细小圆鳞,在颊部退化分散,在体前部分散,在体后部作覆瓦状排列。侧线完全,平直延伸至尾基。肛门位于腹鳍末端,距臀鳍起点较远。背鳍起点位于头部后端至尾基之间的中点。前角稍圆，外缘平直或微凹。胸鳍起点紧靠鳃孔，鳍椭圆形。腹鳍起点位于背鳍起点前下方，离吻端稍远，略近尾基，较胸鳍为短，末端圆形，倒伏后达肛门前缘。胸、腹两鳍腋部有 1 个小皮瓣。臀鳍起点至腹鳍基部的距离与其末端至尾基距离相等。前角稍圆，后缘平截，尾鳍分叉浅，上、下两叶对称，末端为宽阔圆形。鲜活时体红棕色，各鳍淡棕色，固定标本后呈淡褐色。

渔业利用：个体小，数量甚少。

（二）胡瓜鱼目

香鱼。

地方名：香鱼。

分类地位：胡瓜鱼科。

测量标本：5 尾，体长 11.8 ~ 13.0 厘米。

形态特征：体长为体高的 4.06 ~ 4.56 倍，为头长的 4.07 ~ 5.06 倍，为尾栖长的 6.05 ~ 7.24 倍，为尾栖高的 12.30 ~ 13.22 倍。头长为吻长的 2.94 ~ 3.71 倍，为眼径的 4.33 ~ 5.20 倍，为眼间距的 2.60 ~ 2.63 倍。尾栖长为尾栖高的 1.90 ~ 2.33 倍。体狭长，侧扁，略呈纺锤形。头小，头长约与体高相等。吻尖钝，吻端下垂，形成吻钩。眼中等大，无脂眼睑，眼间距宽而隆起。鼻孔位于吻端与眼前缘的中间。口较大，上颌末端达眼后缘下侧，在下颌前端两侧各有 1 个突起，其间形成凹陷；当口闭合时吻钩即嵌于凹内。两颌边缘皮上着生扁形可动摇之小齿，作栉齿状排列。口腔中只腭骨和舌上有齿。舌短小，仅位于口腔底部的后部，口腔底壁前部的黏膜形成 1 对大型褶膜。鳃孔大，鳃盖膜不与颊部相连。假鳃发达，鳃耙柔软，排列紧密，侧扁，呈长三角形片状。肛门紧位于臀鳍之前，体被细小的圆鳞，肛门两侧的鳞片较大，腹鳍基部具短的腋鳞。侧线完全，其鳞片排列不很整齐。鳔单室，有鳔管通食管。幽门盲囊很发达，多数集成腺体状。肠较短，为体长的 0.46 ~ 0.59 倍。背鳍 1 个，始于腹鳍的前上方，起点距吻端较距尾鳍基为近。脂鳍较大，与臀鳍基部后端相对。臀鳍远位于背鳍的后下方。胸鳍位低，向后不达于腹鳍，腹鳍腹位，位于背鳍的下方。尾鳍深叉形，体背部黑绿色，两侧向腹部渐显黄色，腹部银白色。各鳍均为淡黄色；在腹鳍的上方有一个米黄色斑点。性成熟后，两性形态稍有不同：臀鳍在雌性外缘内凹成弧形；雄性保持平直。在繁殖期雄鱼体表出现珠星，在臀鳍上特别密集，体色呈现赤褐色条纹，各鳍橙黄色；雌鱼无上述变化。香鱼为溯河洄游的鱼类。在秋凉水温下降时，在溪流中肥育的香鱼群游向下游河口半咸水中，在多卵石的浅滩产卵，卵附着于水底物体上。

鱼在繁殖后多数死亡，只少数残存。幼鱼孵化后随水流入海生长发育，翌年春季陆续溯洄至溪流中肥育成长，至秋凉再到河口繁殖。在淡水河流溪水中刮食岩石上附生藻类、有机腐屑，也食水生昆虫幼体。

渔业利用：原广布于乌江流域沿河流程较短的一些水系中，是一种名贵的小型鱼类。在背脊上有一条充满香脂的腔道，似黄瓜香味。其肉质细嫩，富含脂肪，清香无腥，除鲜食外，常用火焙成色、香、味俱佳的香鱼干。香鱼的人工繁殖已获得成功。乌江流域曾用于网箱养殖，偶尔逃逸入库。

（三）狗鱼目

白斑狗鱼。

地方名：狗鱼。

形态特征：体长为体高的5.63倍，为头长的3.56倍，为尾栖长的6.97倍，为尾栖高的14.78倍。头长为吻长的2.26倍，为眼径的9.59倍，为眼间距的4.15倍。尾栖长为尾栖高的4.12倍。体修长，呈圆筒状，稍侧扁。头长，扁平。吻长，似鸭嘴状。口裂大，下颌突出，上颌骨后端约至眼前缘下方。前颌骨、下颌骨、犁骨与腭骨上均有尖牙，腭骨牙6纵行。舌游离，前端平截或略凹，中央有一窄带状牙群。眼侧上位，眼间隔宽而微凹，鳃孔大，侧位，鳃盖膜分离，不连于颊部。尾栖短，体被小圆鳞，颊部和鳃盖上部亦被鳞片。侧线位于中部，侧线鳞排列多有错行，侧线孔位于鳞后缘，呈缺刻状。背鳍1个，后位，背鳍基后端与臀鳍基后端相对，第二枚分枝鳍条最长。胸鳍小，侧低位。腹鳍腹位。臀鳍起点始于肛门稍后方，第1～3枚分枝鳍条最长。尾鳍叉形。背部黄褐色，有黑色细纵纹。体侧黄绿色，布有许多白斑。腹部白色。各鳍为灰白色或淡黄色，背鳍、臀鳍和尾鳍布有黑斑。体腔膜银白色。水温8～15℃时繁殖，在濒水树木的须根间或枯草丛中产卵，受精卵具黏性。掠食性凶猛鱼类，以小鱼为食。曾用网箱养殖，偶尔逃逸入库。

（四）鲈形目

1.武义吻虾虎鱼

地方名：虾虎鱼。

形态特征：脊椎骨26，体长为体高的4.65～5.36倍，为头长的3.72～3.75倍，为尾栖长的4.89～5.00倍，为尾栖高的7.50～7.75倍。头长为吻长的2.77～3.33倍，为眼径的4.00～4.16倍，为眼间距的6.25～6.67倍。尾栖长为尾栖高的1.50～1.58倍。

体延长，前部呈圆筒状，后部侧扁。头大，吻圆钝。口中大，斜裂。上颌稍突出，下颌具多行细齿。唇略厚，发达。鳃孔大，向头部腹面延伸，止于鳃盖骨中部下方。颊部宽，鳃盖膜与颊部相连。体被中大弱栉鳞，前部鳞小，后部鳞较大。头部、胸鳍基部和腹鳍前方裸露无鳞。头部前鳃盖等处有感觉管孔。第一背鳍具6鳍棘，第三或第四鳍棘最长。第二背鳍具1鳍棘，8~9枚鳍条。臀鳍起点位于第二背鳍的第三鳍条下方，臀鳍与第二背鳍平放时不伸达尾鳍基部。胸鳍宽大，椭圆形，后缘不伸达第二背鳍起点下方。腹鳍圆盘状，边缘弧形凹入，尾鳍边缘近圆形。头、体浅褐色。体部有7~9个狭长斑块，通常从腹侧延伸至背侧，斑块通常呈"Y"状分叉于背侧交错，体两侧每鳞片处常有一浅棕色斑点，呈规则排列，腹侧及背侧斑点常不明显或缺失。头部眼前缘有红棕色细纹延伸至近上唇部相交，颊部及鳃盖部具数量不等的不规则红棕色斑点，常呈线状相互交织，成年个体的鳃盖条部内侧均不具斑点。胸鳍基部浅色，具少量红棕色斑点。背鳍鳍膜略呈白色，鳍棘及鳍条呈棕色。臀鳍与尾鳍浅黄色，鳍条浅色，尾鳍基部有一黑斑。固定标本的后体部两侧中部的斑点色较深，常形成一行点状纵纹。

生活习性：底栖鱼类，生活在溪流中。

渔业利用：个体小，可食用，经济价值低。

2. 雀斑吻虾虎鱼

地方名：虾虎鱼。

分类地位：虾虎鱼亚目，虾虎鱼科。

测量标本：4尾，体长3.5~5.4厘米。

形态特征：体长为体高的5.38~6.60倍，为头长的3.86~4.67倍，为尾栖长的3.68~4.50倍，为尾栖高的7.78~9.00倍。头长为吻长的2.40~2.55倍，为眼径的3.75~4.67倍，为眼间距的5.00~6.00倍。尾栖长为尾栖高的1.85~2.11倍。体延长，侧扁，前部略平扁。雄鱼较瘦长，雌鱼较粗壮，腹部平坦。头中大，雄鱼稍平扁，雌鱼较侧扁。头部无感觉管及感觉管孔。吻短，前端圆形，雄鱼稍尖。眼小，上侧位，眼上缘皮膜延伸，覆盖部分眼球。鼻孔每侧2个，前鼻孔短管状，后鼻孔较大。口中大，端位，呈马蹄形。上下颌约等长，两颌具尖锐细齿，多行，唇较发达。鳃孔中大，颊部较宽。无侧线，背鳍2个。第二背鳍起点在臀鳍起点稍前上方，胸鳍尖长，下位，腹鳍胸位，左右腹鳍愈合成一吸盘，尾鳍圆形。雄鱼头部和体侧深灰色，雌鱼浅棕色。雄鱼体侧有6个自背部向两侧延伸近三角形的斑块。颊部和鳃盖有10余个不规则黑点，似雀斑。头部腹面鳃盖膜处密布小白点。雄鱼腹鳍灰黑色，其余各鳍深灰色。雌鱼腹鳍浅色,体侧中线具 7 ～ 8 个斑点,其余各鳍浅棕色。第二背鳍约有 4 条黑色条纹。尾鳍有 7 ～ 9 条黑褐色条纹。生活习性底栖鱼类。以水生昆虫和有机碎屑等为食,生活在水流较急的溪流中。

渔业利用:个体小,可食用,经济价值低。

3. 李氏吻虾虎鱼

地方名:虾虎鱼。

分类地位:虾虎鱼亚目,虾虎鱼科。

测量标本:4 尾,体长 5.25 ～ 6.15 厘米。

形态特征:体长为体高的 5.25 ～ 5.86 倍,为头长的 3.24 ～ 3.39 倍,为尾栖长的 4.04 ～ 4.39 倍,为尾栖高的 8.75 ～ 10.25 倍。头长为吻长的 2.24 ～ 2.38 倍,为眼径的 5.17 ～ 6.33 倍,为眼间距的 5.17 ～ 6.34 倍。尾栖长为尾栖高的 2.17 ～ 2.33 倍。体延长,前部呈圆筒形,后部侧扁。背缘浅弧形隆起,腹缘稍平直。尾栖颇长,头中大,圆钝,前部宽而平扁,背部稍隆起。颊部稍突出,吻短而圆钝。眼中大,背侧位,位于头的前半部。鼻孔每侧 2 个,相互接近,前鼻孔具 1 短管,后鼻孔小,圆形。口中大,前位,斜裂。两颌约等长。上、下颌齿细小,尖锐。犁骨、腭骨及舌上均无齿。唇略厚,发达。鳃孔中大,侧位,其宽稍大于胸鳍宽,向头腹面延伸,止于鳃盖骨后缘下方稍后处。颊部较宽,鳃盖膜与颊部相连。体被中大弱栉鳞,吻部、颊部、鳃盖部无鳞。胸部、腹部及胸鳍基部均无鳞,无侧线。背鳍 2 个分离,第一背鳍高,基部短,起点位于胸鳍基部后上方,鳍棘柔软。第二背鳍略高于第一背鳍,基部较长,前部鳍条稍短,后部鳍条较长。臀鳍与第二背鳍相对,胸鳍宽大,长圆形,下侧位,鳍长约等于吻后头长,后缘几乎伸达肛门上方。腹鳍略短于胸鳍,圆形,左、右腹鳍愈合成一吸盘。尾鳍长圆形。头、体呈浅灰色,体侧隐有 5 个暗灰色斑块。头部有橘黄色点纹。鳃盖膜上具平行橘色细纹。背鳍灰黄色,第一背鳍无纵纹,其第一与第二鳍棘之间的鳍膜下部有一绿色圆斑(雄鱼明显,雌鱼不明显),第二背鳍具 5 条暗色纵纹。臀鳍浅色,中部有一浅黄色纵带,纵带外缘稍黑,鳍的边缘白色。胸鳍暗灰色,基部有 2 行橘色横纹。腹鳍浅黄色。尾鳍基有一橘色宽横纹,尾鳍上有 7 条暗色横带。

生活习性:暖水性小型底层鱼类,栖息溪流中。

渔业利用:个体小,可食用,经济价值低。

4. 马拉丽体鱼

地方名:淡水石斑鱼。

分类地位：隆头鱼亚目，丽鱼科。

测量标本：4 尾，体长 15.1 ~ 15.8 厘米。

形态特征：体长为体高的 2.64 ~ 2.80 倍，为头长的 2.61 ~ 2.77 倍，为尾栖长的 6.65 ~ 7.52 倍，为尾栖高的 6.87 ~ 7.55 倍。头长为吻长的 2.56 ~ 3.10 倍，为眼径的 5.56 ~ 5.70 倍，为眼间距的 3.24 ~ 3.78 倍。尾栖长为尾栖高的 0.91 ~ 1.05 倍。体侧扁，纺锤形。口上位，上、下颌密生小齿。无咽喉齿，鳃耙短而稀疏。鳞片为圆鳞，较大。幼鱼阶段眼眶红色，成熟种鱼的眼眶为银黄色。眼大。腹鳍胸位，尾鳍圆形。躯干两侧各有 8 条黑条纹，垂直的黑条纹中央有较黑的色素块。胸鳍淡黄色，腹鳍、背鳍、臀鳍皆有黑色条纹，尾鳍黑色条纹与身体垂直。除黑白条纹外，成鱼体表略带黄色，体色随外界水环境变化而起适应性变化。雄鱼体色较雌鱼体色鲜艳，繁殖季节尤甚。热带肉食性鱼类，吞食其他鱼类的受精卵或幼鱼。适温范围为 25 ~ 30℃，当水温下降至 20℃时，摄食量明显减少，水温下降至 15℃时身体失去平衡，会发生死亡。属底层鱼类，耐低氧，抗病力强。食性为偏肉食性。性成熟年龄为 1 ~ 2 龄。黏性卵，在水温 26 ~ 29℃受精卵经 48 小时可孵化。

渔业利用：原产中美洲尼加拉瓜。可食用，乌江流域曾用于网箱养殖，偶尔逃逸入库。由于体色艳丽，可作为观赏鱼养殖。

四、鱼类生态类型

（一）鱼类生态类型

在乌江流域鱼类研究基础上，结合其他支流鱼类情况，综合归纳支流鱼类纵向分布与食物特点，将支流鱼类分成三种生态类型。

（1）河川型喜流性鱼类种类或群体。包括以下两类：一类是定居在溪流源头、上游或岩洞中，喜欢狭窄而陡峭、水流湍急、终年低温的湿润性环境，通常溪流中、下游均无其踪迹。另一类是栖息在浅滩与深潭交错、急流与缓流并存、水温差异较大的河流中，能抗击或躲避洪水，此种类型主要有宽鳍鱲、光唇鱼、温州光唇鱼、马口鱼、原缨口鳅、鲇、花鳅、泥鳅、益堂拟鲿、黄鳝、虾虎鱼等。

（2）河、库双向适应的种类或群体。蓄水初期，随着淹没区溪流水位不断提升，生活在这里的溪流性鱼类，在上游下泄径流刺激下逐步向河库交汇区聚集，产生了既适应溪流生活，又适应下游及河库交汇区或流域缓流或微流，水温稳定，水较深，库湾型水域中生活的种类或群体，如宽鳍鲫、光唇鱼、温州光唇鱼、马口鱼、银鲃、小鳇、原缨口鳅、鲇、花鳅、泥鳅、盎堂拟鲿、黄鳝、虾虎鱼等。其中最典型的是宽鳍鱲，曾被誉为"典型溪流性鱼类"，但乌江流域形成后，不但有终生生活溪流群体，还有栖息河库交汇区的群体。

（3）河库洄游性鱼类。主要指生活于大库、库湾及河库交汇区，仅在洪水季节溯洄（主要指新安江）产卵的鱼类，如草鱼、鲢、鳙、鲂等，这些种类主要出现在通往新安江的产卵洄游通道上。还有大眼华鳊、细鳞鲴、黄尾鲴、鲤、鲫、飘鱼、花䱻、鳜、斑鳜等，有的有明显溯洄行为，并在石砾、草上或水层产卵，有的可在交汇区适宜的沿岸带产卵。

（二）鱼类食性特点

从溪流到河库交汇区，环境特点表现为从急流—缓流—相对静止状态，相应的饵料生物优势种群呈现从周丛生物、水生昆虫、螺类逐步过渡到水生植物、底栖动物或浮游生物，依据自身食性特点及对饵料生物的喜好和易得性，将支流鱼类食性分成五大类。

（1）周丛生物食性鱼类。该类鱼以周丛生物和有机碎屑为主要食物，或少量摄食水生昆虫，如宽鳍鱲、光唇鱼、温州光唇鱼、建德小鳔鲌、小线、麦穗鱼、高体鳑鲏、彩石鳑鲏、中华花鳅、原缨口鳅、花鳅、泥鳅、波氏吻虾虎鱼等。

（2）虫藻生物食性鱼类。该类鱼以水生昆虫如蜉蝣（稚虫）为主要食物，兼食周丛生物或环节动物及软体动物，如盎堂拟鲿、黄颡鱼、尖头大吻鲈、大眼华鳊、似鳊、鳌、伍氏半鳌、点纹银鮈、薄鳅等。

（3）鱼、虾食性鱼类。该类鱼以鱼、虾、卵为主要食物，兼食周丛生物，如鲇、乌鳢、马口鱼、河川沙塘鳢、黄鳝等。

（4）底栖动植物食性鱼类。如鲤、鲫、花䱻等。

（5）浮游生物食性鱼类。如鲢、银鱼等。

（三）鱼类种间食性关系——食物网

生物能量和物质循环通过一系列取食与被食关系在生态系统中传递，各种生物在食物关系中排列成链状的顺序称食物链。一种生物往往以多种生物为食，占有几个营养层次，取食和被食关系错综复杂，这种互存直接或间接的关系称食物网。根据鱼类种间关系，拟将全流域分成三级食物网。

（1）乌江流域部分河段仅栖息一种尖头大吻鲈，以蜉蝣（稚虫）、周丛生物为主要食物，食物链短，食物网简单）。

（2）乌江流域上游段缺少大型浮游动物，宽鳍鱲、光唇鱼等都直接以周丛生物（着生藻类、原生动物等）、有机碎屑等为主要食物，而鲇、乌鳢、马口鱼、黄鳝、黄颡鱼、盆堂拟鳋为凶猛或肉食性鱼类，以温和性鱼类幼鱼、虾、水生昆虫等为食，缺少像鲈那样的顶级生物，也没有像流域那样大型的鲅类等，因此食物链和食物网比较简单。

（3）河库交汇区鱼类食物网在河库交汇区与流域衔接区域，既有丰富浮游生物、多种水生植物、底栖动物等，又有食物链顶级生物鳍，以及鲅、鳜等多种凶猛鱼类，还有大量野生鱼类幼鱼或成鱼，人工放养鲢、鳙鱼种，以及草鱼和青鱼，其食物网更加复杂。

第二节　鱼类生物与遗传多样性分析

一、生物多样性

生物多样性是指生物在基因、物种、生态系统和景观等不同组建层次上的变异性，或生物体及其所生活的生态系统的多种变化，即不同物种的多样性（物种多样性）、物种内部基因的多样性（基因多样性）、生态系统内和生态系统间相互作用的多样性（生态系统多样性）。

（一）鱼类种类数组成

支流鱼类共计99种，流域部分河段因水利工程影响，溪流鱼种数较少。从全库而言，鱼种从102种增加到114种，新增加的12种鱼中，除4种外来种之外，8种为野生种类。

鱼类种间种内组成特点：既有成鱼，又有幼鱼；既有产卵鱼，又有摄食鱼；既有定居鱼类，又有溯河洄游鱼类，以河库交汇点上下游生物种类最丰富。

（二）生物多样性分析

1. 相对多度分析

运用相对多度进行分析，划分等级百分率：优势种在10%以上；常见种在1%～10%；不常见或稀有种在1%以下。2008年5月在流域某一溪段4次现场捕捞11种鱼类，计812尾，重6.67千克。优势种：宽鳍鱲、温州光唇鱼、原缨口鳋、子陵吻虾虎鱼；常见种：鲫、中华花鳅、鲇、泥鳅、黄鳝、盆堂拟鳋；不常见或少捕种类：马口鱼。2008 年 7 月、2009 年 3 月、2009 年 9 月同一溪段 3 次现场捕捞，共 32 种鱼类。优势种：点纹银鮈等；常见种：细鳞鲴、黄尾鲴、似鳊、马口鱼、福建小鳔鮈、麦穗鱼、光唇鱼、小鳡、中华花鳅、泥鳅；不常见或少捕种类：圆吻鲴、大眼华鳊、鲫、鲤、胡鮈、鳑鲏、鲇、黄颡鱼、盎堂拟鲿、斑点叉尾鮰、黄鳝。2012 年 9—11 月流域下游某一溪段现场 6 次捕捞 24 种鱼类。优势种：宽鳍鱲；常见种：虾虎鱼、鳘、原缨口鳅、温州光唇鱼、福建小鳔鮈、马口鱼、圆吻鲴、鳗尾；不常见或少捕种类：大眼华鳊、麦穗鱼、银鮈、棒花鱼、花鲋、长吻鮠、光唇鱼。

2. 多样性指数分析

生物多样性指数指群落内生物个体在物种间分配的度量，是决定生物多样性高低的两个参数。通常，含有相同数量有机体的两个群落，所含物种数量越多则生物多样性指数越大；而丰富度指数用以表示群落内物种数量的丰富程度；均匀度指数指在一个无限环境中群落有 S 个物种，都以相同比例（1/S）存在，此时群落内有机体呈现分配最均匀，则物种均度最大，生物多样性也最大。

二、溪流生态系统特点

（一）形态结构

主要支流地理形态结构相似，乌江流域山脉众多，终年提供一定地表径流。所有支流具有源头、上游、中游、下游及河库交汇区，河库交汇点因流域水位变动而上下移动；多条支流大小水坝林立，滚水坝密布，梯级水库，起到削减洪峰的作用，但改变了溪流连续体纵向梯度规律，均一化趋势严重，破坏了正常情况下的径流分配、沙泥沉淀、营养物质转移、饵料生物、鱼类组成及分布等。

（二）非生物环境

多数支流径流终年水温较低，pH 值中性或偏碱性，溶解氧充足，总氮偏高，总磷较低，叶绿素 a 为零或不高，生产力低下；多数河 – 库交汇区各种水质指标呈升高趋势，尤其叶绿素 a 大幅升高，甚至出现蓝藻水华现象。

（三）生产者

周丛生物中的着生藻类、水生维管束植物、浮游植物为初级生产者；溪流主体饵料生物是周丛生物，生物量自上而下递增，仅分布少量水生维管束植物和极少浮游植物；溪流中水生维管束植物仅在河 – 库交汇区有较多发现，但其种群数量受水位变动等因素影响大。

（四）消费者

初级消费者为蜉蝣（稚虫）、蜻蜓幼虫、螺类和溪蟹等；蜉蝣（稚虫）和螺类是广布种，有的支流有蝌蚪，有的河－库交汇区还有蚌类等。次级消费者是原栖息溪流性鱼类宽鳍鱲、光唇鱼、点纹银鮈等，但各溪段鱼类分布不同。溪流终极消费者为马口鱼、鲇、乌鳢等；而河－库交汇区则为鳡、鲅类、鳜、乌鳢等。

（五）外来种或品种

河流生态系统有其特殊性，溪流所栖息鱼类组成与特定的水流、水质、饵料等组成的生态系统相适应，而且上下游相通，但环境异质性显著不同。

外来种对生态系统影响因种而异，在乌江流域引进团头鲂，应视为益事，它与鲂食性不同，互不影响，它的加入填补了鲂种群锐减的不足，增加了鱼产量。但太阳鱼、斑点叉尾鲴从养殖网箱中逃逸，并常有捕获，它的加入也许要改变种群、群落和生态系统的结构与功能，加剧偏动物性杂食性鱼类之间的种间竞争，威胁本地种生存，破坏生物多样性。镜鲤、散鳞镜鲤、红鲤、彩鲤、白鲫、银鲫等引进会使鲤、鲫品种多样化，但不一定是好事，它们与本地种杂交后会改变本地种的遗传特性，失去本地种的优势，导致品种混杂。斑点叉尾鲴、大口黑鲈、太阳鱼等从网箱逃逸的外来种，对本生态系统生态平衡不利，应该彻底清除，加以消灭。就目前支流而言，还未受到外来种的侵扰，支流尚属"安全"。

（六）鱼类种子库保护

各支流分布了多种周丛生物、水生昆虫、水生维管束植物、软体动物、浮游生物、鱼类等生物种类。其中野生鱼类的种子基因库保存与发展尤其重要。目前已发现有的野生鱼类消失或灭绝或种群数量锐减。至2013年10月尚有近20种鱼类如似鮈、嘉定棒花鱼、特氏船钉鱼、湘江蛇鮈、粗唇鮠、多鳞鮈、尖头沙塘鳢等未采集到或消失。由于索饵场、产卵场被破坏或压缩，现存种群数量很少的种类有：鲂、花鳗、光倒刺鲃、鳜等；因过捕种群数量剧减的种类有：所谓"石斑鱼"的华线，其次是鳜、斑鳜、河川沙塘鳢、光倒刺鲃等。

三、遗传多样性

乌江流域支流生存近百种野生鱼类，是本支流的宝贵财富，它保存了多种多样的遗传基因，遗传多样性丰富，并充满大量未知。比如美国霍华德·休斯医院吉平博士等发现 50 尾热带斑马鱼心脏内两个心室的 2/5 被切除，其中 40 尾鱼的心脏 2 个月后完全自行修复；如破解其修复机制，找到相关基因，必对治疗人类相关心脏病有用。因此，很有必要研究与开发本支流生物基因。

（一）从非遗传行为到遗传行为

鱼类行为反应有两种类型，即遗传（无条件反射）和非遗传（获得性条件反射）。前者由遗传程序发出，具有定向机制和定向行为；后者为非遗传条件反射反应，是鱼类对环境变化学习的结果。鱼类行为是遗传和获得性反射反应的复合。例如某些鱼类在每年 5—7 月汛期，在水温 20℃以上、洪水径流刺激下结群、溯洄产卵在石砾上，繁殖行为属遗传行为反应，在环境变动（洪水升温、石砾）下结群、溯洄行为属非遗传行为反应，两者结合产生整个产卵行为。鱼类遗传（基因）变异是生活环境发生突然变化引发非遗传条件变异，通过长期的"行为变异"适应过程，建立起新的条件反应机制后发生的，这种变异若在鱼类可塑性范围内，则不可能发生遗传变异，在超越该范围的情况下，通过鱼类逐步适应，有可能改变基因特征，并建立新的地方种群。

乌江流域支流很多鱼类行为尚处"量变"阶段，属于非遗传条件反射的学习时期，借此鱼类逐步适应从支流到水库的环境变化。鱼类从河流中被动或半自动地迁移到水库生活的转型期很长，引起遗传变异时间更长；换言之，由遗传程序（条件反射）所发生的河流型的摄食、生殖、主动移动或洄游规律，转改为水库（湖泊）型的摄食、生殖、主动移动或洄游规律的遗传特点，可能有两种结果。

第一种，从河流迁移到河－库交汇区再到流域之后，环境发生变异，原河流繁殖条件不足之处可以从河－库交汇区等水域某些生态因子得到补偿或局部补偿，逐步适应变化了的新环境，即使不发生遗传变异，也能获得同样的生态效应。

第二种，从河流迁移到河－库交汇区再到流域之后，环境发生变异，河－库交汇区等水域生态因子不能补偿或局部补偿河流繁殖条件的不足，结果造成某种鱼类消失或灭绝；或通过长期历史进程，逐步适应变化了的新环境，发生遗传变异，从行为的"量变"到基因的"质变"。目前情况下不大可能发生这种"质变"。

将支流鱼类分成 3 种非遗传条件反射下的行为类型。

第一种是栖息于支流上游，在原产地生活、成长、繁衍，遗传行为保持不变，例如尖头大吻鲃、部分光唇鱼、宽鳍鱲群体。

第二种是处于非遗传行为向遗传行为过渡阶段，摄食、生长在河－库交汇区，5—

7 月汛期溯洄产卵在支流河床石砾、陆草杂枝上，例如部分光唇鱼、宽鳍鱲群体，以及圆吻鲴、细鳞鲴、蒙古鲅、翘嘴鲌、飘鱼等。

第三种是处于非遗传行为向遗传行为过渡阶段，种群基本从河流迁出，全部生命周期在河－库交汇区及流域完成，原生活条件的一定径流、19 ~ 20℃水温、产卵石砾或陆草杂枝，库湾阳光充足、28 ~ 30℃高水温、微流、沿岸石砾、草丛杂枝产卵条件所取代，而且得到补偿或局部补偿，例如大眼华鳊、鲤、鲫等。

值得进行遗传变异研究的现象很多，例如宽鳍鱲、光唇鱼、大眼华鳊等原栖息乌江流域上、中游及支流，水库建成后这部分区域的种群与坝下种群被生殖隔离，上游栖息的宽鳍鱲、光唇鱼、大眼华鳊等终生生活在溪流之中，而妹滩坝下这些鱼类只能生活在坝下支流及河库交汇区的缓流区域，有明显的生殖隔离现象。摄食和繁殖习性跟着发生一定变化，是否可能形成不同地方种群？流域各支流被流域宽阔深水区所"隔离"，宽鳍鱲、光唇鱼、大眼华鳊等生活在不同支流及河库交汇区，是否有明显的生殖隔离现象？能否形成不同地方种群？宽鳍鱲、圆吻鲴为典型溪流性鱼类，现在大量栖息河库交汇区，溪流中几乎很少见到圆吻鲴，它们有遗传变异吗？

（二）遗传变异分析

2011—2012 年对乌江流域三个不同水域栖息的大眼华鳊进行遗传变异研究，结果表明三个地方群体各项有关遗传特征基本相似，没有显著差异，尚处"行为变异"阶段。

群体形态分析参照谢仲桂等对华鳊属鱼类坐标点的选择，对三个样点共计 115 尾大眼华鳊形态变量主要成分分析结果表明，三个群体标本的形态变量重叠在一起，三个区域的大眼华鳊没有发生形态上的分化。

分子生物学分析通过对线粒体 L-loop 区的序列分析共发现 27 个变异位点，35 个单倍体。三个群体的平均碱基组成差异很小，且所有个体都未发生插入或缺失突变，各群体碱基组成平均差异不大，表明这些个体间在进化上的距离很近。

四、鱼类资源增殖

（一）引发鱼类资源动态变化的原因

1. 溪流湿地盲目改造，自然径流任意调节

（1）溪流河床面积缩小、自然性状被扭曲或改变，滩地裸露所有支流上下均密布村落，多数村落都有吃、住、行、水、电、污水排放等需求与事项。

由于经济条件改善，每个乡（村）都在修路盖房，改建扩建民房，利用溪边有利

地形或直接在河道上建房，或利用溪边平地筑堤开垦种菜，已成为司空见惯的现象，致使溪流面积大为缩小。

另外，在村民用水、灌溉，乃至用电需求影响下，"一村一坝（滚水坝）"发展态势强劲，为此而建的滚水坝不知其数，有的一个村建3个滚水坝，或修建翻板坝蓄水发电，大兴旅游业，致坝下径流改道、水位变动剧烈，滩地长时间裸露状态严重。

（2）溪流水质趋向"亚健康"状况。在溪流上挖沙、构建漂流"河中之河"、任意建造"河边茶亭"、造坝对径流、水质、生物栖息环境造成很大影响，破坏了生态平衡，抑制了河流生物多样性。由于受中小支流的村落民居生活污水排放影响，使农村生活污水及固体废弃物（生活垃圾、作物秸秆）占有50%～80%离子成分进入地表水功能区。此外，化肥有效成分、分散式畜禽养殖污染物都对水质产生颇大影响。近年部分支流交汇区水华现象频发，就是水质变坏的真实写照。

（3）生态功能退化由于较大型水坝、翻板坝或滚水坝大量兴建，径流被人为调节，缺少正常径流，无法实现生态需水要求；使河流径流瞬时变化大，河床时而淹没，时而裸露，生物栖息地大大减少；河床被改造，破坏了河床自然性状，截断了鱼类洄游通道；由于各种基建工程需要，挖沙外销或自建民房而致河道交汇区沙丘、石砾堆积无数、自然河床性状被改变；河－库交汇区水生植被随机生成，或趋少或荒芜；溪流生物多样性降低，生态系统退化。

（4）生态资源减少的支流防洪资源减少，对大库水资源贡献率也下降。由于支流河床面积缩小，防洪能力下降，尤其特大洪水泄洪能力下降，从而导致支流径流量大减，长此以往，或几十年后小支流也许变成"阴沟"，对大库水资源贡献率下降。

水利景观游憩价值有限，有碍整体水利景观游憩价值发挥。水利景观资源的游憩价值是指从经济学角度，对由水利景观旅游资源提供的经济、生态和社会效益的综合效益进行评价，做出科学的定性和定量评估。若用直接享用价值法：消费者进入水库流域中所进行的一系列活动（游泳、钓鱼、野营、漫步、观赏等）所支付费用进行评估，阐明发展该旅游项目的合理性，或是得不偿失，是一种通用方法。

支流应是乌江流域水电、水利、渔业等资源持续发展的一个重要功能区，保持支流自然本色就是对乌江流域的最大贡献。在支流上进行不合理开发，破坏了乌江流域支流的应有生态作用，降低了乌江流域水利风景游憩价值。在计划支流水利景观的游憩价值开发之时，首先要判断是否服从乌江流域水库的游憩价值所需，对乌江流域水库各种功能发挥的影响程度，然后才能考虑支流水利景观游憩价值的拓展问题，因为支流水利景观的游憩价值开发仅仅是乌江流域水利景观游憩价值的一种合理补充。盲目无限发展支流水利景观游憩价值是不可取的，它会导致全库自然风景游憩价值下降。

支流渔业资源减少，对大库渔业资源贡献率下降。不合理的开发，破坏了鱼类栖息或产卵环境，缩小了野生鱼类索饵场所，阻断了鱼类溯河与溯河产卵洄游的通道，导致鱼类种类和种群数量的减少。

2. 捕捞强度难以调控

乌江流域渔业资源管理经历了几次换位转变，20世纪60—70年代在进行流域野生鱼类捕捞时，主要是培育四大家鱼资源，解决家鱼捕捞技术问题；20世纪80—90年代主要实施四大家鱼放养保护，控制鲤数量，提高主体鱼的放养效益，同时大力推广网箱养殖；21世纪初由于环保意识提高，开始取缔大部分网箱养殖，转而走向资源增殖放流。然而，支流渔业从未得到重视，渔业管理滞后。

有的支流分段实行渔业承包，由承包者自管自捕，河边标有"保护生态环境，禁止捕捞"，据传违规捕捞者罚款5000元，但缺少规范而合理的承包管理制度。

盲目而无序捕捞，资源危机凸显，部分地区仅由渔政部门兼管支流渔业，缺少专业管理人员，地笼网、密眼丝网、电捕泛滥，无明确捕捞规章制度和捕捞规格的限定，渔获物中幼鱼所占比例偏高。

缺少渔业基础材料，如没有支流鱼类种类组成、产量统计资料，缺少详尽的资源繁殖保护条例，或需补充与修改。

（二）增殖措施

1. 保护支流水和鱼

支流生态输水量概念得到真正贯彻，合理利用水源，保证支流正常径流与水质；严控捕捞规格与强度，保护支流野生鱼类种源数量，有足够再生产能力。

2. 保护河库交汇区繁殖场地与洄游通道

河库交汇区水草和沿岸石砾是鲌类、鲅类、鲤、鲫等草上、石砾产卵及幼鱼栖息地，也是溯河洄游产卵鲤、翘嘴鲌、鲢、鳙、草鱼必经通道，必须保证繁殖季节水道畅通，建立禁渔区与禁渔期。

3. 营造河库交汇区"水下森林"

河库交汇区既是全库渔业重点保护区，也是最适合种植水生植物建立"碳汇"的基地，造就支流与流域之间的生物屏障或滤床的最佳区域，拟在河–库交汇区兴建"水下森林"，提供草上产卵鱼类繁殖场所。

4.增殖放流

国家财政部《关于拨付 2009 年转产转业和渔业资源保护补助资金的通知》及《关于拨付 2010 年转产转业和渔业资源保护补助资金的通知》，掀起全国渔业资源增殖放流热潮，增殖放流由政府埋单，地方渔业部门实施。这项工作应持续发展，还需投放鲂、花鲴等。此外，建议在延续上述工作基础上，扩大工作内容。开展种群数量锐减的重要经济鱼类，如光倒刺鲃、鲂、三鲌（花鲌、唇鲌、似鳡），以及河川沙塘鳢、"石斑鱼"华缐的人工繁殖与放流研究；稀有种长麦穗鱼的生态与养殖研究；小型特有种尖头大吻鲅、扁尾薄鳅、鳗尾映、小黄黝鱼的基因与生态研究；关注飘鱼、大眼华鳊、圆吻鲴、细鳞鲴、黄尾鲴、蒙古鲅、翘嘴鲌、鳜、斑鳜等资源变动趋向，防止过捕而致资源衰退；探讨鳃鱼资源恢复的途径；对灭绝或尚未采集到标本鱼类的关注与采寻。

第四章 生态渔业基本理论及育苗创新技术

第一节 生态渔业的基本理论

一、生态学原理及生态系统

（一）生态学的基本原理

生态学的基本原理可抽象地说成是物质、能量、信息在空间、时间和数量方面的最佳运用的原理。近代生态学研究重点是突出了人类经济活动与自然资源和环境效益的关系，因此，生态学已成为合理利用自然资源、保护环境和协调社会经济发展的基础科学。

生物与环境之间的关系就相互作用的性质而言，大致可分以下三个类型。

1. 相互作用的协同进化关系

生物为了生存与繁衍，一方面，必须经常从环境摄取需要的物质与能量，例如空气、水、光、热及营养物质等；另一方面，在生物生存、繁育和活动的过程中，生物有机体不断通过释放（气体）、排泄（废物）、残渣和死后的遗体归还给环境，使环境得到物质的补充。生态环境影响生物的生长、死亡，而生物的生命活动也影响生态环境、受生物影响而发生变化的环境反过来又影响生物，使两者处于不断的相互影响和相互协调的过程，所以就这种关系来说，生物既是环境的占有者，又是组成自身所在环境的一个组成部分。生物与环境之间的这种相互作用关系可以称为生态学的作用与反作用规律。当今的自然界是生物与环境在自然界协同进化的结果。

2. 链索式的相互制约关系

自然界任何一种生物物种及生物个体的存在都不是孤立的，同时存在着许多种类生物，它们之间有相互依存（或补充）和相互制约的复杂关系，有的是直接的食物营养关系，这是主要的方面，例如植物是植食性动物的食物，后者又是肉食性动物（包括寄生的、捕食的动物）的食物，它们一环扣一环地构成锁链，通常简称为食物链；

有的几个锁链相互连接，因此，任何一个链环发生变化必然影响相邻的链环，甚至牵动整个生物群落。

生物之间的这种食物链关系还包含一定的数量与能量的比例规律，即所谓的金字塔定律或锥形定律。这一定律包含两个意思：一是从低级的植物数量逐级上升到高级的肉食动物数量，近似一个基底大、顶端小的锥形结构，说明自然界养活一头草食动物需要几倍于它的植物，养活一头肉食动物又需要几倍数量的草食动物，各级生物的数量比例决定了逐级生物可能生存的数量。二是说明各级生物能量转换的有效比例，下层生物能量转换成上层生物有效能量的比例大致是 10 ∶ 1（又称为 1/10 定律），如 10 份的植物能量只能有效地转换为 1 份食草动物性能量。所以，合理的养殖场管理，必须在养殖量和水体面积方面保持一定的比例。当然，这项比例要视水产动物种类、品种以及管理方法而异。

（二）物质循环不息的再生关系

物质在自然界的循环不息，是大自然发展的基础。植物从土壤和空气中吸取无机物，通过光合作用合成有机物，一部分供动物食用，另一些残破或衰老的部分归还给水环境，在它正常生长和发育过程中，还不断向大气释放 O_2 和 CO_2。动物摄食植物，一部分用于建造机体和维持正常的生理功能，同时也通过排泄与呼吸，把另一些物质与能量分别输送给水环境。生活在水环境中的微生物对动植物归还的有机物进行加工分解，除一部分用于自身繁殖外，被分解后的简单化合物及元素则分别释放回大气和再度供植物吸收利用，如此顺序地相互转化、交换和周而复始的循环不止，使自然界成为具有一定程度的自生自灭和自给自足性能的自动调节系统。此种由植物、动物和微生物组成的生产—加工—分解—转化的过程，是生态系统的基本代谢过程，也是生态学基本规律之一。

自然界生物与环境之间的这种错综复杂的因果与协调关系，亦是生态平衡形成的基础。通常所说的生态平衡是就整体而言，其中包含三个相对平衡作用：收支平衡，生态系统的物质输出与输入维持平衡；结构平衡，生物与生物之间，生物与环境之间以及环境各组成成分之间，保持相对稳定的比例关系；功能平衡，由植物、动物、微生物所组成的生产—加工（消费）—分解、转化的代谢过程和生态系统与生物圈之间的物质循环关系保持正常运行。

但由于各种生物的代谢机能不同，环境因子经常发生变化，因此生物与环境之间相互维持的平衡是不恒定的，而是经常发生波动，故称其为动态平衡。

二、生态学原理在生态渔业中的应用

有哪些生态学原理可以应用于渔业生产中呢？可以说所有已知的生态学原理，包括相生相克作用，都可以直接或间接地应用于渔业生产，但最基本的原则有以下三条。

第一是生态渔业是个整体。它包括渔业、种植业、畜牧业、水果业、林果业及加工业，它们相互配合，相互协调，按一定的次序组成一个整体，即形成一个复杂的生产体系，而每一个单项则是这个生产体系的一部分。

第二是物质的正常代谢是维持农（渔）业系统稳定的基础。渔业生产中经济效益和生态效益的大小，物质、能量转化效率的高低是决定因素，只有充分熟悉并掌握了养殖、种植、放养、施肥等时间因素，并科学地安排渔业生产结构和多层利用，使物质循环和能量流动正常进行，才能实现生物资源再生和生态环境的良性循环。

第三是只有保持系统输入和输出的平衡，才能维持正常代谢的进行。生物的生长发育与繁殖需要不断从它的周围环境中汲取它所必需的物质，同时也不停地影响着环境，而受生物影响的环境，特别是水体环境，又反过来作用于生物。所以，要使生物的生存环境经常满足生物的生活要求，必须适时补充环境所失去的物质，维持整个系统的活力。

以上三个原理概括起来就是：生态渔业系统的各种成分相互协调，还需包括人类生产活动和社会经济条件，是这些复杂因素组成的统一体。也就是说，生态渔业系统不仅将一个区域（这个区域大可至一个国家，小可到一个乡或自然村内的全部农业、林业、畜牧业、渔业、工副业等都包括进去）而且还和社会经济系统密切结合起来，是一个综合性的生态系统。

（一）生态渔业系统的特点

由于生态渔业系统研究的主要对象是植物（浮游植物、水生植物、作物、林木等）与动物（水产动物、家畜、家禽等），是在一定的自然环境（水域、气候、土壤等）制约下进行的，因此，它与自然生态系统有着密切的关联及许多相似之处、自然生态系统的法则依然在生态渔业系统中起作用，自然生态系统的研究成果（包括概念、方法、演变规律等）对于生态渔业系统的研究来说具有重要的参考价值。但是也应看到，生态渔业系统毕竟是一种人工生态系统，因而具有它自己的特点，与自然生态系统有着很大的不同，主要表现为以下几方面。

1. 生物群落结构较简单

在自然生态系统中的群落结构上，初级生产者一般总是由多种绿色植物所构成，空间层次结构明显，而消费者的营养层次也较多，种类丰富，从而形成多条食物链，构成的食物网也十分复杂；在生态渔业系统中，生产者层次不多，大多由一种或几种农林作物构成，一种或几种养殖动物组成，即生物群落的结构较自然生态系统显然要单纯得多。

2. 生态系统的调节不是连续的

在生态系统的时间和空间存在形式上，自然生态系统调节常是连续的，而生态渔业系统则是以特定经济动物和经济植物的生产为目的，其发展方向是要生产人类所需要的农、林，牧、副、渔产品，因此就必须人为地阻止自然变迁、演变的发生。

3. 生态系统是开放的

在生态系统的物质循环方面，虽然自然生态系统也不是完全封闭的，但在生产者、消费者、分解者各营养阶层间有一定的平衡，物质循环多少是自我完结的，也就是自我实施系统。与此相反，生态渔业系统随着农产品、渔产品、畜产品的出售，一部分营养物质流出系统之外，损失的部分必须人为地加以补充，以此维持生态平衡。

4. 生态系统是社会活动和经济活动的综合体

渔业是人类社会的一种生产活动，它和其他国民经济部门相比，有一个最大的差异，就是渔业在生产过程中，是自然经济和社会经济相互交错的范畴，它受到自然生态系统结构的制约。因为农业种植的作物、畜牧业饲养的牲畜、林业栽种的树木、渔业养殖的动物都是生物，都有它们本身的生长规律，都受到自然条件制约。因此，渔业这个生产部门要特别讲究尊重自然规律和社会经济规律，而生态渔业系统正是建立在合理和充分利用当地社会经济条件和自然资源的基础上进行生产活动。

（二）生态渔业系统的基本属性

1. 整体性

生态渔业把整个渔业生产经济系统与该系统内部的全部要素和外部的有关要素，按生态规律和经济规律的要求进行调控，要求农、林、牧、副、渔、工、商、运输业的综合经营体系整体发展。

2. 协调性

生态渔业重视系统整体的协调，要求各要素和各子系统之间协调发展，包括生物与生物之间，生物与无机环境之间，区域内的森林、农田、水域、草地等之间以及经济措施、技术措施、生态环境之间相互有机地配合，并使农村的发展同城市的经济乃至整个国民经济的发展相协调。

3. 地域性

生态渔业的建设严格按照地域差异规律的要求，要因地制宜、因时制宜，即按当地自然、经济、技术等条件进行设计，扬其所长，避其所短，发挥各自的优势。

4. 战略性

生态渔业能从渔业发展战略的高度出发，正确处理目前利益与长远利益、局部利益与整体利益之间的关系。在一般情况下，各组分之间进行着反馈与负反馈作用。也就是要促使这一大系统的整体纳入良性循环的轨道，是人们决策的目标与调控的方向，将因"整体效应"强化而表现出高产与稳定。目标要求的是能流的转化效率高，物流的循环规模大，信息流的传递通畅，价值流有显著增值。

三、生态渔业规划的生态学原理

（一）整体效应优化的原理

整体效应优化的模式主要由各种生产结构优化来体现。渔业生态系统有结构与功能两大属性。任何生态系统表现什么样的功能决定于其有什么样的结构，结构决定功能。也就是说，结构与功能两个方面，结构是主导的一面。

在工业上要求产品质量高、效益大，首先取决于机器结构是否新颖、高效。同样，农（渔）业上如果生产结构合理，不仅经济效益成倍地提高，而且生态环境与生产条件能向良性与持续方向发展。生产结构调整实质上是以良好的决策为前提，发挥各组分的整体优化来引导与促进整体功能优化与效益的提高。因此，要整体优化需首先调整生产结构，也就是在生态系统中，首先要运用生态学上的"整体功能大于个体相加之和"的原理。

为防止组分之间抵消功能的现象出现，一方面需将系统中各组分的组合关系调整合理；另一方面要在各个环节中将各种生态效率提高。生态效率提高的最终标志不只是某一种水产养殖动物或作物或畜禽的单产提高，而是整个系统的总体生产力提高。生态渔业使人们改变了过去统计部门只统计水产品以表现生产力的观念。同时整体功能高又意味着系统稳定性高，整体的稳定性寓于复杂性之中，而复杂性表现为组分的多样性、生态位的健全性及各种反馈关系的合理性等。

（二）生物与环境协同进化原理

生态系统中的生物不是孤立存在的，而是与其环境紧密联系、相互作用，共存于统一体中。生物与环境之间存在着复杂的物质交换、能量流动关系。生物既是环境的占有者，同时又是自身所在环境的组成成分。作为占有者，生物会不断地利用环境资源，改造环境；而另外作为环境成员，则又经常对环境资源进行补偿，能够保护一定范围的物质储备，以保证生物再生。

（三）生态渔业系统内各组分合理规划原理

生态渔业强调全面规划、总体协调，因地、因时制宜，合理轮作倒茬，种养结合。违背这一原理就会导致环境质量下降，甚至使资源枯竭。由于生物之间的锁链式相互制约原理，存在着许多种生物，它们之间通过食物链相互制约。正因为在自然生态系统中生产者、消费者和分解者组成了平衡的关系，因此系统稳定，周而复始，循环往复。

农（渔）业生态系统由于其强烈的开放性，特别是我国对外开放程度，使消费者、还原者常因条件不正常而使各组分关系失调，因此，首先要在食物链关系上协调营养关系。

生态渔业常以渔–农结合模式，其中渔业为其结构的核心，也就是调整营养关系。在食物链关系上，不仅要求一般之间的平衡，而且于再生饲料工程上找寻再生饲料、鸡粪饲料、秸秆氨化饲料等，这也是生态系统的特色。在渔业生态系统中，营养关系平衡、物流高效运转，提高第一性生产者的光能利用率，与第二性生产者的饲料能量多级利用与物质循环再生原理。

（四）食物链关系原理

在古代，人们对于生物之间食物链关系的认识是十分深刻的，在很早以前的古籍文献中就有记载，民谚也早有流传。在我国最早记载食物链关系的是《诗经》。我国民间早就流传有"大鱼吃小鱼，小鱼吃麻虾，麻虾吃泥巴"的谚语，这是食物链关系最浅显通俗的表述。

渔业生态系统中的食物链，既是一条能量转换链，也是一条物质食物链。从经济上看还是一条价值增值链：根据能量物质在逐级转换传递过程中存在的 10：1 的关系，则食物链越短、结构越简单，它的净生产量就越高。但在受人类调节控制的渔业生态中，物质和环境的调控及对产品的期望不同，必然有着不同结构，并产生不同的效果。例如对秸秆的利用，须经过长时间的发酵分解，方能发挥肥效，如经过糖化或氨化过程使之成为家畜喜食的饲料，从而增加畜产品产出，利用家畜排泄物培养食用菌，生产食用菌的残菌床又用于繁殖蛆虫，最后用蛆虫来养鱼，使生物对食物的选择消费和排泄部分能得到利用、转化，从而使能量转化效率大大提高。因此，人类根据生态学原理合理设计食物链，多层分级利用，可以使有机废物资源化，使光合产物实现再生增值，发挥减污、补肥、增效的作用。

（五）边缘效应原理

利用两个截然不同的生态系统之间的边缘地带（段），通过对两个系统的联结、渗透作用，扩大能量转换与物质循环规模，从而使两者生态经济效益提高，这种功能原理在生态学上称"边缘效应"或"边际效应"。"桑基鱼塘"模式从 10 世纪开始，一直沿革至今，就是因为边缘效应带来了两个系统功能皆优而显示较强生命力所致，它是一种水域与陆地两个生态系统之间的联结，彼此进行着能量、物质交换与补偿，使系统内循环规模扩大，也借此减少了外部能量物质的投入量，起到互补效果。

（六）互惠共生原理

自然生态系统中有多种生物共生的现象，这是长期自然选择协同进化的结果。在渔业生态系统中各种群间，由人工诱导多种共生互利关系，加强了物质内循环作用，如稻田养鱼就是这种共生互利的模式，鱼食稻虫及杂草，鱼粪肥田，鱼疏通稻田空气，稻为鱼提供了杂草与害虫饵料，使稻鱼双丰收，既提高生态效益，又提高经济效益。

（七）限制因子作用原理

生态渔业系统中，生物与环境经过长期的相互作用，在生物与环境之间建立了相对稳定的结构，具有相应调控机制。目前，自然资源比较短缺，更应以最小作用量原理在投入类型及其数量上下功夫。提高附加能量投放效率与调动系统内循环，相应地减少投入量，这是当前我国农业投放问题上亟待解决的决策与技术问题。

（八）生态渔业的"结构稳定原理"

生态渔业要提供优质高产的水产品和农产品，创造一个良好的再生产条件与生活环境，必须建立一个稳定的系统结构才能保证功能的正常运行。要保持生产系统的结构稳定，除去结构组分合理外，还必须使物质能量输入、输出处于相互平衡的状态。不平衡的结果将导致生态系统结构的不稳定状态，进而可能引起生态系统自身的解体或崩溃。

（九）效益协调原理

农（渔）业是人类的一种经济活动，生态渔业也不例外，其目的是增加产出和增加经济收入。在生态经济系统中，经济效益与生态效益的关系是多重的。既有同步关系，又有背离关系，也有同步与背离相互结合的复杂关系。我们不可能只顾某一功能或某一效益。

在生态渔业中，为了在获取高生态效益的同时求得高经济效益，必须遵循如下原则：一是资源合理配置原则，应充分和合理地利用土地资源与水面资源，这是生态渔业的一项重要任务；二是劳动资源充分利用原则，在农业生产劳动力大量过剩的情况下，一部分农民同土地分离，从事农产品加工及农村服务业；三是经济结构合理化原则，既要符合生态要求，又要适合经济发展与消费的需要；四是专业化、社会化原则，生态农业只有突破了自然经济的束缚，才有可能向专业化、商品化过渡。在遵守生态原则的同时，积极引导农业生产接受市场机制的调节。

四、生态渔业实用技术使用的生态学原理

（一）多层次分级利用技术

在稳定的生态渔业系统中，各种生物占有特定的生态位，多层次分级利用各种资源，建立多层次营养结构的物质转换、分解和再生，使其在生态渔业系统的动态过程中起主导作用。如在"鸡—猪—鱼"生态渔业系统中，由于鸡的啄食和掏食习惯以及消化道短等特点，鸡粪中的未消化饲料可占鸡摄食量的35%，因而使鸡粪的养分很高。据有关资料报道，鸡粪中粗蛋白质含量占比例的20.32%。如果将鸡粪直接下塘，除极少部分被鱼类直接摄食利用外，大部分只能作为肥料被鱼类间接利用，实属浪费。因此，将鸡粪作为再生饲料用来养猪，猪粪再下塘养鱼，或将鸡粪直接添加在鱼饲料中喂鱼，则能大大提高能量的利用率和转化率。朱海源等利用热喷鸡粪配合饲料进行网箱养鲤鱼，认为以热喷鸡粪为主料的饲料源，可以全部替代鱼粉，同时还可替代50%左右的饼粕、谷物，每生产1千克鲤鱼的饲料成本可降低28.7%，从而使生产利润提高。此外，把上述生态渔业系统进一步拓展，鸡粪还可养殖蝇蛆，如1千克鲜鸡粪可生产150克鲜蝇蛆。蝇蛆干物质中蛋白质含量占50%～60%，脂肪占10%～15%，用于养鱼效果显著，由于蝇蛆只用培养料的40%～50%，因此培育蝇蛆的残渣仍可作为鱼池肥料，也可以用于沼气发酵，再利用沼气能量，沼气肥水和沉渣还可用于养鱼。

（二）原种保护和自然增殖技术

随着环境的变化和池塘集约化养殖的发展，鱼类在种质上出现了退化。这种退化在个体上表现为生长速度变慢，体型发生变化，肉质变差等，在群体上则表现为繁殖力下降和种群不纯。保护鱼类原种要建立鱼类种质资源库，以提高鱼类原种的覆盖率。同时，在大中型水域中，一定要严格控制捕捞强度，实行"休渔"制度，通过人工放流等手段，恢复水体的自然资源增殖能力。

（三）时空结构布局合理技术

应用巧妙的农业生态结构，进行充分合理的布局与大自然相协调，以取得尽可能多的产量和高品质的水产品及农产品。

合理布局立体结构，立体结构也称垂直结构或空间结构。我国古代农业生态的立体调控结构，做到了水（渔等）、陆（农、牧、副、工、商）、空（蜂、鸽、鸟等）齐进，上（高秆）、中（矮秆或匍匐茎）、下（地下根、茎作物）并举，充分利用自然空间，取得最大的经济效益和生态效益。"其取利也，穷天、极地而尽人"，可以说是我国古代农业生态立体结构的高度概括。

例如，在清代，谭氏兄弟开创了凿池养鱼，鱼池上架厩养禽畜，地面兼多种经营的布局，充分利用地面、水面、空间，使畜（禽）粪合理循环。做到以畜养鱼，以鱼促农，农林牧副渔结合，实现良性循环，实是农业史上一个有重要意义的范例和创举，在我国古代农业生态结构布局上巧妙得堪称一绝！就是在现代生态农业的结构设计上，也是被广泛采用实现无污染、无废物的良性循环的最佳模式。在列举生态农业立体结构模式的著名实例中，往往引用泰国农场的"鸡—猪—鱼"立体布局的例子，而我国早在明代就有了用畜粪养鱼的记载。清光绪（1875年始）年间已经出现了"鱼—果—菜"立体结构的良性循环模式。

生态渔业系统主要是设计了农、林、牧、副、渔综合发展，实现良性循环的立体经营。中国明末清初的《补农书》上的五业（农、林、牧、副、渔产业）结合的示意图是我国传统农业综合经营、全面发展的总结。它将水利、种植、畜牧、渔业和工业结合成相互联系、相互利用的统一整体，比较系统地反映了中国人民的宝贵经验。

五、生态渔业体系建设的基本原则

（一）人类福利和生态安康原则

人类福利是指能满足整个社会当前的基本需求，而未来的发展余地又十分广阔的一种状态。生态安康是指生态系统既保持本身的多样性和质量，又有适应变化的弹性，并且未来的发展潜力很大的一种状态。

（二）生态系统完整原则

就完整性而言，虽然没有通用的定义，但其内涵都是相同的，主要包含如下内容：①维持生物群落、生态环境、物种和基因方面的多样性；②维持生态演化过程（包括结构和功能），进而支持其多样性和资源生产力。

（三）物种间依赖性原则

必须考虑种群间的依赖关系，即在维持各个种类能够可持续生产的视野下，必须考虑高产种的生产对其相关种的影响，使各相关种的种群数量维持在可持续生产的基础之上。相关种包括依赖种和关联种，依赖种是指在食物链中与之有直接关系的非目标种，关联种是指存在于目标种活动范围内的或兼捕的非目标种。

（四）影响可逆性原则

生态系统的承载力是有限的，影响一旦超过其承载力，则变化将不可恢复。

（五）影响最小化原则

捕捞活动应尽可能地降低对生态系统结构、生产力、功能和生物多样性的影响。

（六）不确定性、风险和预防原则

社会对渔业生态系统的了解还不甚详细，事实上，生态系统多有复杂性、动态性和季节变化性，并且常受到渔业活动、养殖业和其他人类活动的影响，况且，各系统之间也相互联系、交流，诸如边界效应。因此，像生态系统的弹性、人类影响的程度和可逆性方面都难以预测，也难以同自然变化相区别。那么，必须要有应对不确定性和风险的预防意识，比如：加大研究力度，全面了解生态系统；复杂性和动态性导致不确定性，必须采取预防措施；留意边界效应等。此外，不管科学论证是否完整，都不得作为推迟预防环境退化的借口。

（七）制度完整原则

无论是现在还是将来，生态系统对人类社会既有实际价值，还拥有广泛的潜在用途。考虑到渔业生态系统的弹性、系统资源的有限性以及社会的需求等方面，为实现资源的综合、可持续利用打基础，应健全相关的政策、法律和制度等内容，发展渔业管理机构内部以及与其他机构间的功能连接，比如建立维持生态系统状态的机构等。

（八）共同参与原则

在管理过程中，以更多的方式，吸纳更多利益相关者的参与，诸如在信息搜集、知识构建、方向筛选、决策过程，甚至是实施、执行过程中等。这就需要一个包含社会利益和各个部门利益的决策程式；也需要广大利益相关者的积极参与和配合，需要基层的贯彻与配合，需要一个完整的机制。

实施基于生态系统的渔业管理要注重以下两个方面：一是生态系统中影响渔业资源及其生产力的条件；二是捕捞活动对渔业生态系统的影响机理。但是，由于渔业生态系统本身的复杂性，针对以上两个方面，以我们现有的科学知识都难加以系统地认识。因此，基于生态系统的渔业管理常面对广泛的不确定因素。尽管如此，我们也不能把不确定性当作否定基于生态系统管理的借口，而应配合有效预防措施，积极地推进该方法的实施。

六、生态渔业系统的调控途径

生态渔业是最大限度地利用自然资源，以达到无废物产出的现代渔业发展的方向。对生态渔业系统，一方面通过各种技术措施加以直接调控；另一方面可以通过各种计划、方针、政策和价格等进行间接调控，以提高生态渔业系统的综合功能。

环境调控是为了增加鱼类种群产出而进行的一系列建造良好生态环境的所有措施，调控的目的是改变不利于鱼类种群的环境条件，如池塘护坡建设、改造，精养池水质调节所采取的追加磷肥、适当加注新水、定期搅动塘泥、增氧、施药净化水质等措施。

生物调控可以通过对鱼类种群遗传特性的改变和养殖技术的改进，达到增加鱼类种群对环境资源的转化效率，加速能量流和物质流的流量和流速，提高鱼类种群的生产力的目的。

生物调控的措施主要靠新品种的培育和引进、养殖技术的改进和病害的控制来进行。目前养殖鱼类的品种退化、免疫力下降、鱼病暴发问题严重。有计划地逐步淘汰现有退化品种，更换原种和良种，并采用生态方法进行免疫等综合防病方法，控制暴发性鱼病流行，如对寄生虫鱼病，可在鱼池中套养罗非鱼，能有效地控制锚头蚤、中华蚤等鱼病。

由于结构调控是根据生物遗传特性和生物对环境的需求以及环境资源的特点，综合协调成有机整体，所以结构调控兼有生物调控和环境调控两方面作用和效果，生物与环境的协调也主要靠结构调控来实现。因此在生态渔业系统调控中,结构调控是中心,它囊括了环境调控和生物调控的内涵。而生态渔业的信息管理系统也是结构调控的手段之一,是人们自觉、主动管理生态渔业系统的有效工具。

根据生态学基本原理,一个生态系统的结构是该生态系统功能的基础。最佳种群与群落结构可以最大限度地适应自然和利用环境资源,从而可在投入相同物质、能量的情况下增加产出,并改善生态环境。

生态渔业的结构调控分为平面结构调控、垂直结构调控、时间结构调控和食物链结构调控。

(一)平面结构调控

主要是指在一定的生态区域内,如何合理地安排渔业生态系统中的各个群体,包括鱼类种群和其他生物种群,如以鱼为主,实行渔—农、渔—牧、渔—牧—农等相互联系的平面布局的生态渔业系统。

(二)垂直结构调控

根据生物共生的原理组成一个立体复合结构,对水体资源实行多层次、高效益地利用。生态渔业的关键是最大限度地利用资源,使外界输入的能量和物质经过多层次的吸收转化。要做到这一点,必须多加利用层次。如江苏省苏州市金鸡湖,原来湖中上层鱼占80%,现在改变了养殖结构,使上层鱼占70%、中下层鱼占30%,增加了湖泊的利用层面,使优质鱼比例提高了10%,每亩产量稳定在125千克以上;又如鱼－鸭混养模式,充分体现了自然资源的多层利用和中间互补的垂直结构调控机理。

(三)时间结构调控

大多数环境因子都有明显的年循环和日循环,通过生物种群时间结构工程的机理节律设计,使之与自然界的环境节律保持最大限度的同步协调,可以提高系统综合效益。如1981年以来,某湖泊地区根据浮游生物消长变化规律,对主要养殖对象鲢鱼、鳙鱼等,采用春季放足、夏季捕大留小的养殖工艺,在春季放养中把鱼类生物量由从前的每亩12千克提高到25千克,他们充分利用春季湖泊载鱼力,到夏季捕出部分大的个体稀疏鱼类生物量,腾出生存资源空间,为存留个体的生长创造条件,增加鱼产量。同理,池塘养鱼轮捕轮放及捕大留小,是寻求鱼与饲料、水体空间平衡,促进物质与能量有效交换的一种养殖技术,是调控载鱼力、运用时间结构调控原理的体现。

（四）食物链结构调控

根据能量转换原理，生态系统的食物链结构直接影响生态系统的净产量高低生态系统的食物链越简单，它的净产量就越高，而要使渔业生态系统更多地为人类提供各种食物和增加生态效益与经济效益，不仅要提高系统的净初级生产，还要在一定的目标下，增加食物链环节，以达到多层级利用资源，特别是人类不能直接食用的部分，按照性质和功能的不同分成以下几种。

1. 生产环

指利用非经济产品或部分非经济产品直接生产出能供人食用或使用的经济产品，所增加的一个食物链环节称为生产环。如稻田养鱼、鱼鳖混养。稻田中的鱼和鱼池中的鳖属于生产环增加类型。

2. 增益环

这种食物链环节转化后的产品不能或暂不能直接为人类利用，而能增加生产环的效益，一般附在生产环上，故称为增益环。如饲养蚯蚓、无菌蝇蛆、黄粉虫和福寿螺等作蛋白饲料饲养黄鳝、牛蛙和鱼鳖等，可增加生产环的效益。

3. 减耗环

渔业生态系统中对本系统不利的各个食物链环节可称为耗损环，如寄生虫对鱼类危害等。如果在耗损环上加一个新环，用以削弱或抑制耗损环的作用，如池塘中混养适量的鳜鱼、黑鱼等凶猛鱼类来抑制杂鱼；混养黄颡鱼控制寄生鱼体的锚头蚤等。

4. 复合环

增加的食物链环节具有两种以上功能称为复合环，例如稻田养鲤，既能消灭害虫具有减耗环作用，又能增加鱼类产出，具有生产环作用。

5. 加工环

产品加工环不属于食物链范畴，但与系统的输入输出关系密切。因此，在研究生态渔业系统时不可忽视，如我国淡水鱼产品加工环节薄弱，近几年来逐渐受到重视，出现了鱼皮制革、冷冻小包装、珍珠漂白增光串珠系列，酶解珍珠粉、鳖精、鳖膏、龟鳖丸、烤鳗等使水产品显著增值。

食物链加环是当前生态渔业系统结构研究的重要内容之一，是提高生态渔业系统功能、发展农村经济，提高农民收入的重要手段，生态渔业系统的食物链加工环与系统产品的加工环具有十分相似的生态学意义和经济学意义。

（五）信息调控

信息调控也是维持生态系统有序性的重要途径之一。信息管理系统就是广泛存在于生态系统中的信息过程和信息联系。信息系统包括数据库、方法论和模型库，应用系统工程和信息论方法，借助计算机可建立一种生态渔业信息调控自动化系统。信息调控的成功与有效有赖于数据的准确性、方法的正确性、模型符合实际性。

第二节　生态渔业养殖育苗创新技术

一、我国水产养殖新品种引进及良种化工程

（一）国内外主要养殖种类

1. 甲壳类

世界养殖的虾蟹类有 30 多种，其中斑节对虾、南美白对虾、中国对虾是著名的三大养殖虾类，其他一些较重要的养殖品种还有日本对虾、印度对虾、墨吉对虾、长毛对虾、宽沟对虾、短沟对虾、小褐对虾、白对虾、巴西对虾、桃红对虾、西方对虾、加州对虾、食用对虾、蓝对虾、近缘新对虾。另外，近几年许多淡水虾蟹类和海水虾蟹类如红螯螯虾、雅比虾、麦龙虾、罗氏沼虾、日本沼虾、中华绒螯蟹、锯缘青蟹、三疣梭子蟹、日本鲟、龙虾类等也是国内外养殖的一些品种。

2. 鱼类

世界养殖鱼类有上百种，其中重要的种类有：虹鳟、银鲑、大西洋鲑、褐鳟、大西洋首鱼、红姑鱼、海鲑、条纹鱼、鲇鱼、鳅、鳗鲡鱼、石斑鱼、大西洋鲽、遮目鱼、条纹鲻、线鳍西鲱、红笛鲷、军曹鱼、蓝鳍金枪鱼、黄条、罗非鱼、牙鲆、大菱鲆、真鲷、黑鲷、金鲷、花鲈、尖吻鲈等。

3. 贝类

目前，世界上有养殖贝类 30 余种，主要的养殖种类为褶牡蛎、大连湾牡蛎、近江牡蛎、太平洋牡蛎、海湾扇贝、虾夷扇贝、大扇贝、皇后扇贝、浦珠母贝、大珠母贝、珍珠贝、菲律宾蛤仔、皱织盘鲍、杂色鲍、硬壳蛤、缢蛏等。

正在研究和开发养殖的贝类有：绿鲍、滑顶薄壳乌蛤、密鳞牡蛎、巴西牡蛎、紫枢扇贝、圆扇贝、墨西哥湾扇贝、短颈蛤、砂海螂、地鸭蛤、长竹蛏、大砗磲、鳞车磲、砗蚝、奶油蛤、黄蛤等。

4. 藻类

目前养殖的褐藻品种有海带、裙带菜；红藻有麒麟菜、江蓠、红毛藻、角叉藻、龙须菜及紫菜；绿藻主要是礁膜。近年来还有一些藻类的经济价值也逐渐得到重视，小规模的养殖也已开展，如绿藻、褐藻等都被广泛养殖，取得了较高的经济效益。

（二）我国水产养殖新品种引进现状

中华人民共和国成立初期，我国的水产总产量不足 50 万吨。20 世纪 50 年代末期，我国加快了水产事业的发展，并出台了一系列的政策措施，使我国的水产事业得到了迅速的发展，特别是进入 20 世纪 80 年代以来，随着中国经济体制的不断改革和对外开放政策的实施，渔业产业结构经过几次调整，水产品总产量在 2000 年达到 4278.99 万吨，比 1999 年增加 156.5 万吨。其中发展最快的当数水产养殖业。

水产养殖事业的高速发展，除了我国的渔业政策引导和养殖技术的不断提高外，其主要原因是我国加大了新品种的引进力度。我国大规模的新品种引进工作始于 20 世纪 50 年代末，早在 1957 年，我国就通过民间渠道从越南引进莫桑比克罗非鱼。1959 年我国政府接受朝鲜民主主义共和国赠送的原产于北美洲的虹鳟卵 5 万粒和稚鱼 6000 尾。之后，特别是改革开放以来，先后从孟加拉国、日本、埃及、美国、泰国、越南、墨西哥、印度、澳大利亚、英国等引进了上百种水产养殖新品种。

我国引进的新品种，不但丰富了我国的水产种质资源，而且大多数品种也不同程度地得以推广应用，有效地促进了我国水产养殖业的发展，并为我国创造了巨大的经济效益和社会效益。

在咸淡水养殖中最有代表性的是罗非鱼，1998 年，全国养殖罗非鱼达 52.6 万吨，遍及 20 个省、自治区、直辖市。第二是罗氏沼虾，1998 年，全国罗氏沼虾总产量已达 617 万吨。

1993 年以来，由于对虾暴发性流行病的发生，使我国的对虾养殖受到严重影响，但在 2000 年全国对虾养殖产量已恢复到 20 万吨左右。在这一产量中，有相当一部分是引进的斑节对虾、南美白对虾等。

另外，推广应用较好的品种还有淡水白鲳、斑点叉尾鮰、胡子鲇、虹鳟、牛蛙、大菱鲆和条纹鲈等。

（三）引进品种存在的主要问题

我国水产养殖新品种的引进工作已有几十年的历史，成就是显著的。但与产业发展需求相比，仍有不少差距和问题，主要表现在以下 4 个方面。

1. 引进品种较少

多年来，世界主要发达国家和地区已把水产养殖良种的引进、移殖作为水产养殖专业发展的一个重要战略举措，并普遍重视发掘利用与相关目标性质的遗传改进等工作。其良种的培育基地、实验场等年年有增加，所投入的人力和物力亦越来越大。近几十年来，引种集中在改良本国水域水生生物的种类组成，遗传改良本国的养殖品种和直接将引进种类投入市场，以达到提高水体的生产能力，获得更高质量的养殖品种和为市场提供更多的有价值的商品。因此，许多国家都加大了引种的力度。在 19 世纪和 20 世纪期间，欧洲、亚洲、北美洲等 20 余个国家和地区进行了鳄科、鲑科、鲤科、鲇科等 39 种鱼类的驯化。其中，10 种鱼类的驯化效果显著，18 种鱼类驯化有效果，6 种鱼类驯化效果不好并有副作用，5 种鱼类的驯化结果不清。

在此期间，欧洲总计引种 39 种。其中，欧洲鱼类 20 种，亚洲区系鱼类 9 种，北美区系鱼类 16 种。有 26 种鱼类已成活于新的水域，形成自然种群，占移殖鱼类的 66%，在这些移殖的 16 种鱼类中，有 13 种（81%）已驯化；北美洲移殖鱼类约有 40 种，其中，25 种鱼类已在美国和加拿大被驯化；在美国中部和南部地区有近半数鱼类为外来种。亚洲地区移种的鱼类有 70 余种，其中中国移殖 60 种、日本移殖 7 ~ 8 种、斯里兰卡移殖 15 种，在这些鱼类中约 20 种鱼类被驯化成功。前苏联对引种驯化工作十分重视，自 18 世纪至 20 世纪，共进行了 13 个科的 76 种鱼类的移殖，向 976 个水域（包括海域、湖泊、河流和水库）进行了 1 572 次移殖。对无脊椎动物（贝类等）和饲料无脊椎动物的移殖工作也十分重视，19 世纪中叶，移殖 39 个种类，移殖 437 次，放养 68 个水域。这期间移植的目的是改变这些水域的鱼类、无脊椎动物和饵料生物的区系组成，增加天然水域和水库的经济鱼类资源。20 世纪 60 年代后，该国开始注重养殖鱼类的引种，60 年代至 70 年代，从我国引进"四大家鱼"中的鲢鱼、鳙鱼、草鱼，并在全国各地建立了规模较大的繁殖基地，利用电厂、核电站的温排水进行苗种的早繁早育和商品鱼养殖，使全国池塘养殖生产发生了变化，由过去单养鲤鱼改为鲢鱼、鳙鱼、草鱼和鲤鱼混养，苗产由过去的 50 ~ 100 千克大幅度提高到 300 ~ 350 千克。到 20 世纪 80 年代初，驯化鱼类的年捕捞量平均为 35 万千克；移殖饵料资源后，每年可增产 2.5 万 ~ 3 万千克，引种驯化产生了经济效益。在各国的引种鱼类中，主要是鲑亚种、白鲑亚科、鲟科和罗非鱼属的种类，如虹鳟、红点鲑、大西洋鲑，几种大马哈鱼，湖泊性白鲑、洄游性白鲑、匙吻鲟、高首鲟，俄罗斯鲟和尼罗罗非鱼、奥利亚罗非鱼；贝类则有美洲牡蛎、欧洲牡蛎等。

我国有相当大的淡水水域，可引进的新技术和养殖种类相当多。但是，从乌江流域引进的水产养殖动物类情况来看，数量仍然太少。特别是与农业相比，差距甚大。

2. 存在一定的盲目性和重复引进

随着改革开放政策的不断深入，对外交流与合作渠道不断扩大，往往造成同一技术、同一种类由不同地区和单位重复引进，如虹鳟鱼、罗非鱼、南美白对虾、澳洲龙虾、条文鲈、扇贝等多次从国外引进，有的因引种后的保种工作做得不够，导致很快失去其经济优良性状而不得不再次引进，造成了人力、物力和财力的浪费，同时，也影响了水产养殖业的发展。

3. 推广应用的力度不够

经调查发现，不少单位由于种种原因，包括小集体意识，往往自行引进、自行试验、自行推广生产，导致许多技术和品种引进后多年仍难以推广、难以形成规模效益，造成技术和种质资源的浪费。

4. 检疫工作仍未引起高度重视

经调查发现，一些单位在新技术、新品种引进过程中不能按规定进行检查、检疫。有的虽履行了检查、检疫手续但未能真正做到检查、检疫，甚至有的单位和个人通过民间渠道和三资企业的商务活动引进种类而根本不履行检疫手续。因此，难以杜绝和查处病虫害的带入。

二、国内外水产养殖品种的发展概况与趋势

（一）世界水产养殖品种的演变

19 世纪以来，乌克兰育成乌克兰镜鲤、乌克兰鳞鲤。20 世纪 40—60 年代，苏联育成罗普莎鲤以及后来各加盟共和国育成俄罗斯鲤、波尔鲤、草原鲤等。20 世纪 60 年代，美国育成"超级虹鳟"。20 世纪 70 年代，挪威选育的大西洋鲑，生长速度明显提高，达到 5 千克重量的时间由原来的 4 ~ 5 年缩短为 2 年，饲料系数由 3.5 降至 1.0 左右，其年产量虽然仅 30 万吨，但其产值超过我国 300 万吨水产品的产值。可见水产养殖良种在推动世界水产养殖业的发展中起着关键作用。

（二）我国的水产养殖品种

我国水产养殖品种的发展经历野生种开发、引进和新品种培育等过程。春秋战国时开始养鲤；唐代以后"四大家鱼"开始引入池塘养殖；20 世纪 50 年代末人工繁殖

技术成功；20 世纪 60 年代开发细鳞斜颌鲴进行池塘多品种混养；20 世纪 70 年代开发团头鲂、银鲫等野生种养殖；20 世纪 70 年代末至 90 年代进行鲤鱼品种间杂交、鲤鱼新品种选育，培育出丰鲤、荷元鲤等杂交种，和选育出建鲤、松浦鲤、荷包红鲤、兴国红鲤、德国镜鲤、德国镜鲤选育系等；20 世纪 90 年代末选育出团头鲂浦江 1 号，经杂种四倍体和由鲤鲫四倍体雄鱼与鲤鱼、白鲫回交，生产出三倍体"湘云鲤""湘云鲫"。这些杂交种和新品种曾列入国家重点推广计划，大量应用于生产，取得了十分显著的经济效益和社会效益。同样，虹鳟、罗非鱼、鲟鱼、海湾扇贝、太平洋牡蛎等引进种推广养殖后，对增加我国的水产养殖产量起到了十分重要的作用。另外，牡蛎、栉孔扇贝和鲍鱼等经济贝类的三倍体诱导已获得重要进展；紫菜游离丝状体培养和育苗技术以及叶状体细胞快速繁殖育苗技术，在裙带菜单克隆无性繁殖上获得了生产性的应用；四倍体中国对虾的成功诱导及得到批量成体，为培育三倍体中国对虾奠定了基础。人工选育技术的创新以及高新生物技术，在遗传育种上的应用为我国水产养殖业带来了高质量和高产量的养殖品种。

（三）水产养殖良种化现状及存在的问题

从世界范围来看，欧洲国家的养殖鲤鱼品种已更换了 1～2 代，美国、日本养殖的虹鳟和鲑鱼基本上是选育品种，子倍体牡蛎已经在法国、美国规模化养殖。

我国目前水产养殖的品种，鲤鱼已更新了 1～2 代，如荷包红鲤、兴国红鲤、建鲤、松浦鲤、德国镜鲤选育系、荷包红鲤抗寒品系、湘云鲤；鲫鱼更新了 1～2 代，如彭泽鲫、松浦银鲫、湘云鲫、异育银鲫、高背鲫、四倍体鲫；海带基本上推广"901"号品种；团头鲂培育出浦江 1 号。引进种中罗非鱼主要推广尼罗罗非鱼和奥利亚罗非鱼的杂交种——奥尼全雄鱼和红罗非鱼；虹鳟以养殖美国优质虹鳟和金鳟为主；贝类养殖以海湾扇贝和太平洋牡蛎为主；虾类以南美白对虾和罗氏沼虾为主，但是，作为我国主体养殖的"四大家鱼"和名特优鱼虾蟹类，虽然在人工繁殖、池塘驯化养殖等方面作了一些遗传改良，但基本上还是野生种，加之人工繁殖用的亲本数量过少，严格选择不够，长期近亲繁殖，造成种质退化，生长和抗逆性减退，从而严重影响了养殖单产和效益。因此，迫切需要加强水产养殖品种的选育种工作，逐步提高水产养殖生产的良种化。

我国水产养殖生产良种化滞后的原因比较复杂，有主观原因，也有客观原因。一是水产良种选育周期长，风险性大，如白鲢、鲤鱼、鲍鱼等一般 3～4 年性成熟，选育 6 代要 20 年左右。美国的"优质虹鳟"选育了 23 年，罗普莎鲤的选育从 20 世纪

40 年代到 20 世纪 60 年代，而农作物一年一代甚至两代、三代，选育 6 代只需 6 年甚至两三年的时间。二是自然界生存的鱼、虾类野生种的高经济性状（包括生长、抗性和品质等），使得任何野生种的开发利用都可以产生经济效益。如"四大家鱼"、鲤鱼、鲫鱼、团头鲂、鳜鱼等野生种都具有生长快、适应性强等特点，从自然水域引入池塘不加改良或稍加改良（如人工繁殖、饲料等）即可养殖。而农作物、畜禽类的野生种则经济性很差，不能拿来就种（养），必须通过大量的选育工作，育成在产量、品质等与野生种有巨大差别的栽培（养殖）品种，方能满足人类的需要。还有，水域环境的相对稳定在客观上降低了良种选育的必要性等，但是，正如上面提到的，野生种或者引进的良种、培育的品种，在不长的养殖时间里，就会因近亲繁殖或养殖环境而改变其优良种质，导致其生产性能下降，如近几年人工养殖的大黄鱼，原来是由 50 多尾亲鱼繁殖育苗的，现在出现了明显的种质退化，如性早熟、生长减慢等。我国现在所有的养殖品种都出现了类似现象。

三、水产养殖良种化发展的基本思路

（一）指导思想

根据国家渔业发展方针及国内外市场发展需求调整战略，转变观念，明确发展重点，制定有效的政策、措施，紧紧围绕我国主要养殖品种、名优品种和出口创汇品种这条主线，依靠遗传学理论和现代生物学技术，进行遗传改良、新品种培育和名优品种的开发，建立水产良种创新体系，推动我国渔业的现代化、水产养殖品种的良种化，以达到增产、增效、增收的目的，促进水产养殖良种化取得新的发展，使我国由渔业大国向渔业强国转变。

（二）发展目标

通过实施"良种工程"和建立水产良种创新体系，完善并建立与我国水产养殖大国相适应的、具有国际先进水平的水产良种繁育体系，使我国水产养殖迈上新的台阶。

（三）发展重点

1. 加大以"四大家鱼"和鲤、鲫、鳊鲂等品种为主体的遗传改良和新品种培育力度

"四大家鱼"和鲤、鲫、鳊鲂是我国的重要养殖品种，约占我国淡水养殖产量的 70%。"四大家鱼"要以已建立的国家级原种场为依托，扩大原种的养殖面积。鲤鱼重点发展建鲤、松浦鲤、荷包红鲤和兴国红鲤，并在此基础上培育出新的品种。银鲫重点发展方正银鲫、彭泽鲫和异育银鲫。团头鲂重点发展浦江1号和经过遗传改良的团头鲂。

2. 加大出口创汇品种遗传改良的力度

罗非鱼要发展尼罗罗非鱼、澳大利亚罗非鱼及其杂交种奥尼全雄鱼，不断提高全雄率，发展红罗非鱼的养殖。大黄鱼要扩大种质来源，加大人工选育，不断提高其优良种质。对虾要以扩大SPF对虾和SPF南美白对虾的养殖为主。贝类要加大太平洋牡蛎、海湾扇贝和鲍鱼的选育、河蟹要加大辽河蟹的种质改良，选育优良蟹种繁殖后代，保持良种种质，使出口创汇品种基本上良种化。

3. 增加名优品种的养殖种类

除鳜鱼、虹鳟、长吻鮠、条纹鲈等外，要继续开发名优品种，如翘嘴红鲌、金鳟、大西洋鲑、大鳞鲑、硬头鳟等，新的养殖品种要进行适度的遗传改良。

4. 加大鱼养殖品种的开发和遗传改良，新品种选育

已开发的大菱鲆、牙鲆、红鳍东方纯、大黄鱼、真鲷、石斑鱼、尖吻鲈、军曹鱼等，在解决人工繁殖和苗种的产业化生产的同时要进行遗传改良，选育出新的品种，促进海水养殖品种的良种化。

四、无特定病原种苗生产培育技术

（一）无特定病原（SPF）的概念

无特定病原这一概念来源于畜牧业及实验动物学，通过病毒学、微生物学监控手段，对实验动物按微生物控制的净化程度分类，实验动物可分为无菌动物、悉生动物、无特定病原动物和清洁动物四类。其中，SPF是指动物体内无特定的病毒、微生物和寄生虫存在的动物。SPF指特定病原体的具体现状，不针对病原体的抗性或未来病原体的状况。SPF是一个病原控制概念，而不是动物遗传上的一种基因型或表现型，与动物的种、品种、变种或品系等遗传学概念存在本质的差别，SPF动物的输入不会导致特定病原体的引进。目前，大多数畜牧品种、实验动物均建立了SPF种群，水产养殖动物中的鲇鱼、鲤鱼、鲑鱼、虹鳟鱼、对虾等也有SPF种群的报道。另外，建立和保持某个动物家系或群体的SPF状态，必须将病原控制技术与遗传育种技术紧密结合起来。

目前在水产中最为完善、商业化最为成功的是美国的SPF虾培育研究工作，对此，下面以美国夏威夷的SPF虾育苗技术结合我国对虾育苗技术探讨SPF虾生产培育技术。

（二）SPF虾研究的背景

20世纪80年代中期，在美国、厄瓜多尔等国家和我国台湾地区日益严重的对虾疾病威胁致使对虾年年减产，而对虾消费却急剧增加，70%以上的对虾依赖进口，每年对虾贸易赤字在20亿美元以上。为了解决这一贸易赤字问题，美国农业部于1984年开始组织和推行"海产对虾养殖计划（The U.S.Marine Shrimp Farming Program，MSFP）"，其中在夏威夷建立了SPF对虾核心培育中心，着手凡纳滨对虾SPF种群的繁育工作。1989年开始第一个凡纳滨对虾SPF种群的选育工作，当年由Lightner博士和他的同事从墨西哥锡那罗亚的一个商业孵化场引进15000仔虾幼体，这些仔虾通过组织学检查被确认未被任何已知病原感染。通过一段时间的培育后，大约10000尾候选SPF对虾被运送到夏威夷NBC，并被培育成亲虾，完成交尾，亲虾在第2年顺利产卵，并于1991年成功获得凡纳滨对虾的第一个SPF种群（WybanetaL，1993）。

（三）SPF虾培育的技术路线和技术要点

1.SPF虾培育的技术路线

实验动物学和畜牧业中要获得SPF动物，通常都是用健康无病的妊娠母畜，分娩时通过严格的无菌操作，剖腹取胎，再通过人工哺乳或用SPF母畜代哺，在隔离的无菌环境中饲养。这一技术路线显然不适用于SPF对虾的选育。

在SPF种苗生产培育技术对本地野生（或本地多代留种）对虾或外地引进原种，进行2～5个月时间的隔离驯化、暂养，并经初级检疫观察是否携带病原体，以决定是否满足候选的SPF虾的要求，对满足要求的候选者进行亲本培育。在繁育之前还要进行病原检测，符合SPF虾要求者可进入下一步的育苗环节；在育苗过程中，对幼体—蚤状幼体—糠虾—仔虾各阶段进行病原监测，监测不合格者将被销毁。对于合格的虾苗一部分出售，另一部分进入核心培育中心，进行SPF虾的第二代培养，在SPF虾的多代培育中，病原检测工作将始终不渝地按计划进行。

2.SPF虾培育的技术要点

完整的SPF虾培育系统实质上也是一个现代化的对虾驯化系统，因此SPF虾培育是项高投入的工程，需要多方面配合，最重要的是在病原检测与控制、遗传培育、养殖工程等方面应有关键性的技术要求。

（1）严格的病原检测。SPF对虾即为无任何特定病原感染的对虾。病原应符合3个标准：一是被可靠诊断的病原；二是可以被成功分离的病原；三是对产业可形成重要威胁的病原。美国 SPF 对虾的特定病原包括 9 种病毒、1 种原核生物和 3 种寄生性原生动物。当然，随着新病原的鉴别和更精确疾病诊断方法的建立，特定病原的内容和类别有可能会更正或补充。

病原检测技术的要求是稳定、灵敏、专一、易操作，常规组织切片的苏木精 - 伊红染色、核酸探针杂交、单抗 ELISA、PCR 等都可作为对虾病原检测技术。如果被检测对虾任何一种病原呈阳性，就要直接进行销毁，只有所有病原均呈阴性才能进入下一环节，必须层层把关。

（2）隔离病原，切断病原传播途径。在 SPF 虾的整个生活史中实施严格的病原隔离措施，应通过生产设施、技术手段和管理措施等实现严格的隔离病原和切断传播途径的目的。因此，在育苗之前对育苗池和育苗用水要采取严格消毒处理，且经常消毒和暴晒育苗工具；培育幼体经 PCR 检测筛选，藻类引种及培养经过病原检测和消毒，丰年虫卵孵化及投放必须严格消毒和清洗，确保育苗池的用水、无节幼体和饵料等不携带特定病原体。

（3）采用家系选育，稳定优良性状。建立独立的母性家系是 SPF 选育必须采用的技术要点，母性家系是 SPF 选育操作的最小单位，一旦在某一母性家系抽样中发现有病原存在或劣质遗传特性，该家系将被销毁，这对于隔离病源十分重要。同时，采用家系选育有利于基因的纯化和优良性状稳定，便于筛选每批候选对虾。

（四）SPF 苗种操作技术

1. 育苗池的配置和处理

育苗池为室内长方形水泥池结构，池深 1.8 米，并配套有电力、加温、增氧、进排水等设备以及相应的饵料培养池。育苗生产前，使用含氯消毒剂、含碘消毒剂、甲醛、季铵盐或氧化剂（如臭氧、高锰酸钾）对育苗池、饵料培养池、气石、气管等育苗器材进行清洗和严格的消毒处理。

2. 育苗用水的预处理

水源经沙井过滤后进入沉淀消毒池、过滤池、生物净化池或蛋白泡沫分离器处理，从而保证育苗用水的清新。检测水中的病原生物的情况，并对育苗用水采用相应的消毒措施，如用含氯（碘）消毒剂消毒，24 小时后曝气处理，再用硫代硫酸钠消除余氯。其用量应由化学分析结果决定，既要使余氯除净，又要无硫代硫酸钠剩余，经 12 ~ 24 小时即可使用。

3. 亲虾培育

挑选体大、健壮、无病、活泼、肢体完整、对外来刺激反应敏感的个体作为产卵亲体，并采用 PCR 检测技术定期检测亲虾携带的病原生物，及时销毁不合格亲本；同时检测沙蚕、牡蛎、鱿鱼等饵料中病原情况，防止病原，特别是病毒（WSSV、TSV 等）垂直传播。

4. 幼体培育

对幼体的每个变态时期同样进行病原检测，淘汰掉不合格幼体；同时对饲料和生物饵料（藻类、丰年虫）病原检测，防止病原水平传播。选择合格幼体进入育苗池培育，在选用优质饲料、清新水质和定期检测等环节层层把关，并对照商业标准淘汰不合格幼体，出售合格苗种。

5. 日常管理

每天定期检查培育池中浮游生物的种类和数量，同时观察幼体的活力、胃饱满度及幼体发育变态情况，灵活掌握投喂量，及时测定培育池中的 pH 值、水温、相对密度和溶氧量，按预定要求调节水温，保持 pH 值、相对密度相对稳定。整个育苗阶段应连续充气，以保证有足够的溶氧。

培育期间水温应控制在 29.5 ~ 31.5℃渐变范围内，反对高温育苗。一般在蚤状期的早、中期控制在 30.0 ~ 30.5℃，晚期渐变到 31.0℃；糠虾期渐变到 31.5℃；仔虾期水温逐渐降低，可根据需要调节到养殖场水温。

另外，充气是高密度育苗的必需条件，一是能够保证水体中充足的溶解氧含量；二是可以使池水对流而充分混合，以保证幼体和饲料的均匀分布；三是可以使幼体在上浮游动时减少能量的消耗，有利于其变态发育；四是水体对流可使加热升温均匀。充气量的调节主要根据苗种各期大小、摄食能力强弱、饲料投喂多少等因素从幼体到仔虾逐渐增大，水面由微波状渐变为沸腾状。

一般合格的仔虾体长大于等于 0.8 厘米，体表光滑且无附着物，活力强而逆微流水，附肢齐全，体态呈长身、健壮、丰满，个体间的均匀度差异不明显，体色正常为透明状，检测 WSSV、TSV 呈阴性。

总之，在育苗过程中，对亲虾、受精卵、幼体、仔虾、亲虾饵料、幼体饵料、每个育苗池水体都要进行病毒实时检测，切断 WSSV、TSV、IHHNV 等传播源，切断病原的垂直传播和水平传播途径；实行生产设备、用具专用制度，采取各种措施避免 WSSV 等的机械携带所导致的 WSSV 等传播。

由于对虾养殖系统由一系列生产及管理环节构成，除了种苗本身，更有养殖环境管理和营养管理等，若只强调 SPF 虾的培育，而忽视了养殖环境和营养的管理，同样可能导致病原的入侵及病害的流行和暴发。因此，SPF 虾苗只是降低养殖风险的一种重要手段，必须有良好的养殖系统配合才能成功，无病毒不等于不会受病毒感染，SPF 也只是某种程度上的安全保障。

应该指出的是，SPF 对虾对特定抗原没有天然的抗性，也没有天然的敏感性。为克服 SPF 对虾的局限性，抗特定病原对虾的培育被逐渐提到研究日程上来。因此，建立 SPR 虾生产体系，是预防 WSSV 或其他流行病发生的根本措施，可以提高对虾养殖的成活率，同时可减少养虾过程中的药物使用，提高对虾品质以适应国际、国内市场的迫切需求，具有广阔的发展潜力。

第五章 生态渔业养殖的疾病防控技术

第一节 鱼类生物疾病的预防

一、鱼类疾病概述

（一）鱼类发病的原因

鱼类病是由致病因素作用于鱼体时扰乱正常的生命活动，使鱼类的新陈代谢失调，正常平衡遭到破坏，表现为对外界环境变化适应能力降低而出现的一系列的疾病症状。总的讲，鱼病的发生，是由于外界环境的各种致病因素及鱼体本身的反应特性，这两方面是在一定条件下（人为因素起主导作用）相互作用的结果。

1.鱼体状况与疾病的关系

主要和鱼体健康状况、鱼的不同种类、年龄以及个体差异等有关。

（1）体质。体质强壮的鱼，抗病力强，体质差的鱼则很容易生病。原因是鱼体健壮，本身生理防御机能健全，病原生物不容易入侵。例如引起鱼类发病的一些细菌（产气单胞杆菌属），可以从水体甚至从健康鱼的体表、肠道中分离。管理良好，鱼体健壮等情况，鱼却不会发病。同样肤霉病的病原——水霉菌动孢子，在水中及健康鱼体上也可发现，如鱼体健壮没有创伤，动孢子也难以萌发菌丝。但是，当条件改变（水温改变、鱼类得不到足够的食物或者鱼体擦伤等），使鱼体健康受到影响，鱼类就会发生相应的病变。

（2）种类。由于不同种的鱼对病原生物具有不同的免疫力，所以混养于同一水域中的不同种的鱼，有的发病，有的不发病。如青鱼、草鱼的肠炎病菌，只感染青、草鱼，不感染鲢鱼。又如鳃隐鞭虫，能引起草鱼鱼种大量死亡，但是这种虫经常大量地寄生于鲢鱼、鳙鳃上，也不显任何病症。

（3）年龄。同一水域同种的鱼，由于大小不同，有些发病，有的不发病，这是因为大小不同的鱼，对疾病的抵抗力不同。如传染性鱼病中的白头白嘴病，主要危害3～4厘米的草鱼，稍大的鱼种和成鱼不感染此病；侵袭性鱼病中的车轮虫，能造成饲养鱼苗、鱼种的大量死亡，虽然也可寄生成鱼，但无生命危害。如果年龄相同的鱼有上述现象，则主要是个体差异所致。

2.周围环境与鱼病的关系

鱼类是否发病，除与鱼体本身状况有关外，还与周围环境有密切的关系。

（1）水体中病原生物种类，数量以及中间宿主。水体中病原生物种类和数量的多少以及有无某些疾病病原体的中间宿主与发病密切相关。如果清塘彻底，适时用药物对挂篓、挂袋杀灭病原生物及中间宿主，鱼就少发病或不发病。

（2）水体的理化条件。它不仅直接影响鱼体，而且对病原生物也有影响。其中最主要的是水温和水质。

水温：鱼类是水生变温动物，在正常情况下，它的体温是随外界水温的变化而变化，当水温变化超过鱼类能忍受的最高和最低的温度范围时，都可直接引起鱼类的死亡。特别是水温突然急剧变化，鱼类是不易适应的。如将鳊、鲤、鲫由饲养在21℃水温中突然移到1～2℃水中，3小时即死亡。所以家繁鱼苗进池或鱼种放养，要特别注意温差，一般鱼苗下池温差不宜超过2℃，鱼种不宜超过4种。

另外，不少传染性鱼病病原生物的毒力也取决于水温的高低，如烂鳃病和肠炎病的病原在水温18℃以下时，不会引起疾病流行，但当昼夜平均水温达25℃左右时就可引起烂鳃病及肠炎病的流行。

水质：水质的好坏，可直接影响鱼类的存亡，轻者影响鱼类正常生长降低抗病力，严重时比由病原生物引起的死亡还要厉害。如水中溶氧低到1毫克／升时，鱼就会发生"浮头"，甚至窒息死亡。溶氧达到14.4～24.4毫克／升时，鱼苗易患气泡病。又如鱼池长期不清塘，池底积存过多的有机物质，微生物分解旺盛时，一方面消耗水中大量氧气，同时还会放出硫化氢、沼气等有害气体，集聚到一定程度，对鱼有毒害作用。鱼池土壤中重金属盐类铅、汞、锌含量较高，鱼种长期生活在这种水体里，易引起弯体病。工厂废水的污染和农药进入鱼池，都会引起鱼类的死亡。

（3）水体中有无鱼类所需要的食物。食物如长期缺乏，鱼类体质差，抗病力下降，甚至会出现明显的病变，特别是水库放养尤为重要。

3.人为因素与鱼病的关系

人的生产活动对鱼病的发生与否有着重大的作用。如清塘彻底，经常采取有效药物进行预防，可减少或消灭病原生物；注意检疫工作，可防止疾病传播；操作仔细，不使鱼体受伤，可减少继发性鱼病发生；加强日常饲养管理可提高鱼类的抗病力。总之要使鱼类不发生疾病，关键在于人们的生产活动，只要采取积极的防治措施，鱼病是可以预防的。

（二）鱼病的种类

根据病原分类可分为生物和非生物引起的两大类。

1. 生物引起的鱼病

（1）寄生性鱼病。

①传染性鱼病：由植物性病原所引起，包括病毒病、细菌病、真菌病和单胞藻病等。

②侵袭性鱼病：由动物性病原所引起，包括原生动物病、蠕虫病、甲壳动物病和软体动物病等。

（2）非寄生性鱼病。

①植物性敌害：由低等藻类及水生植物所造成的危害。

②动物性敌害：由水生昆虫、鱼类、两栖类、鸟类和哺乳类所造成的危害。

2. 非生物引起的鱼病

指由机械损伤、水体理化条件的改变以及缺乏鱼体所必需的物质所引起。在诊断治疗时，经常按鱼体病变发生的部位将鱼病分为：皮肤病、鳃病、肠道病和其他器官病等。

（三）鱼类发病的症状

鱼病的种类很多，出现的症状也各不相同，有的鱼病靠肉眼观察，大体就能判断出来，但有些鱼病，尚需借助显微镜的观察，才能诊断。下面介绍的仅是用肉眼能观察到的鱼病症状，但并非每种病鱼都具备以下的这些症状。

1. 体表与体色

鱼体表所覆盖的鳞片外表具有黏液；鱼鳞上还有色素细胞，使鱼的外表呈现一种鲜艳的色彩和光泽。病鱼有的色素加深使体色发黑；有的鲜艳的光彩减退鱼体色泽暗淡；有的因发炎部分鳞片脱落，出现化脓性或坏疽性的溃疡；有的鳞片竖起似松果状；有的体表布满白色和黑色小点或灰白色黏液层；有的体表丛生着很多像旧棉絮状似的丝状体等。病鱼大多体表黏液增多，且混浊不透明，有上述迹象都说明鱼体有病。

2. 鳃

正常鱼的鳃是鲜红的。病鱼的鳃，有的鳃组织腐烂带污泥，黏液增多，鳃组织软骨外露，主鳃盖骨内表皮被腐蚀，呈圆形透明区；有的鳃丝呈紫红色或淡红色，或因鳃丝贫血而呈现灰白色；有的鳃因受寄生虫的侵袭，在红色的鳃丝上附有白色如蛆状的虫体或呈白色斑点。所有这些异样的变化，都表示鳃组织上的病理变化。

3. 内脏

鱼体内部各组织、器官，特别是肠管，是多种寄生虫寄居场所，其他如肝、脾、肾、胆囊、鳔、脏、膀胱、血液等处，也可能因某种寄生虫感染而产生机能失常、组织病变现象。患细菌性肠炎病的草鱼，可看到肛门红肿，肠管发炎充血，甚至微血管破裂溢血，使整个肠管呈紫红色；有的在肠壁和其他内脏器官有白点状的胞囊；有的在肠内可见到芝麻大小的虫体和乳白色带状或线状的寄生虫。

4. 鳍条

正常鱼类的鳍条，由表皮组织互相牵连着。病鱼的鳍条组织腐烂，使鳍条互相分开，经常尖端烂去一截，这就是所谓"蛀鳍"。每年3—6月在鲫的尾鳍、乌鳢的各个鳍条间的鳍膜中。可见到与鳍条平行且呈红色线状虫体寄生。

5. 运动

正常鱼类运动活泼，常成群游泳，一有惊动，就潜入深水。病鱼则离群独游，行动缓慢，很易捕捉。有的病鱼常在水中狂游或跳跃出水面，有的在水面侧身打转，有的又拥挤成团，有的腹部向上或横卧水面。这些现象均属病态。

二、鱼病的预防

（一）预防的重要性

鱼类群栖于水中，一旦发病，开始不易被人们觉察，对其病患的诊断和治疗均有特殊的困难。患病的鱼，大多丧失食欲，无法强迫它们服用药饵。采用全池遍洒药物治疗，也只能适用于小的水体，大面积的河汊、湖泊、水库就难以使用。因此，在鱼病发生后进行治疗，仅能挽救小水体中尚未发病或病轻的鱼类免于死亡。所以鱼病的预防，就显得特别重要。

（二）一般预防措施

多年来的实践证明，鱼病防治工作只有贯彻"全面预防，积极治疗"的正确方针，采取"无病先防，有病早治"的积极措施，才可减少或避免鱼类发病死亡。在预防鱼病的措施上，既要创造一个适合于鱼类生长、发育的良好生活环境，以保证养殖对象的身体健壮，增强其抗病力，又要尽可能消灭病原生物和其他致病因素，切断病原传播途径，采取综合性的预防措施，才能达到预期的防病效果。下面简要介绍鱼病的一般预防措施。

1. 科学管理增强鱼体抗病力

当致病因素作用于鱼体，有的发病，有的发病晚或有的根本不发病，其中的因素固然很多，但是鱼体本身抗病力的强弱起着极其重要的作用。因此，加强饲养管理，培养健壮鱼体以增强抗病力，是预防鱼病极为重要的措施。

（1）提早放养。改春季放养为冬季放养，因为春季放养时水温开始上升，病原生物也开始生长繁殖，而鱼类经过越冬后体质瘦弱，鳞片松散，加之鱼种在捕捉、运输、放养过程中极易受伤，病原体很容易入侵。冬季放养时水温较低，鱼种肥壮，鳞片紧密，不易受伤，即使有些鱼体受伤，病原体也处在不活跃状态，鱼种有充分时间恢复创伤，到春季水温上升，鱼种很快进入正常生长，因而也就不易发病了。

（2）合理的混养和密养。合理的混养和密养是提高单位面积产量的措施之一，对鱼病的预防也有一定的积极意义。如在环境条件相同，放养数量相同的两个水体中，一个水体放养同种鱼（单养），而另一个水体实行合理搭配混养，那么放养同种鱼类的水体就容易发病。这是由于不同种类的鱼，对同一种病原体的感受性不同，由于混养，实际上就使得水体中易感受该病原体的鱼密度稀了。为提高产量，放养密度也应适当掌握。至于什么样的密度和混养搭配比例才是合理的，应根据水体条件、饵料供应情况（包括天然饵料种群和数量）及饲养管理方法等来决定。

（3）放养的鱼种需同一来源。因寄生于鱼类的病原体往往都有其特定的区系，有些病原体常常成为某一地区经常发病的所谓地方性鱼病，而在另一地区很少发生此病。放养的鱼种如果是从几个地方购买，又未经过检疫，往往就会将各个地方性鱼病带到本地区来，这样增加了防治上的困难。同时不同来源鱼种的大小、肥满度、抗病力都不可能一样，给饲养管理带来困难，也极易使鱼发病死亡。

（4）实行四定投饵。投饵要定质、定量、定位、定时，这"四定"不能机械地理解为固定不变，而应根据季节、鱼体生长情况、环境和水质变化而改变，特别是饲养以草鱼为主的小水体（池塘、围栏等）尤其要注意。

定质：是指所投喂的饵料要新鲜和有一定营养成分，不含有病原体或有毒物质。

定量：要根据鱼体大小、不同季节和不同时间，有节制地投喂。每次投饵数量一般以 3 ～ 4 小时内吃完的量为宜，如有吃剩的残饵，应适时捞出，以免在水体内腐烂发酵败坏水质。在肠炎病发病期还要控制投饵量。

定时：投饵时间，在季节上应争取早开始、晚结束。这样可延长鱼类的生长期，在生长期内每天投饵要有一定的时间。在乌江流域，每日上午 8—9 时，下午 3—4 时各投喂 1 次。但也应随季节、气候的变化作适当的调整。在密养流水池投饵宜"少吃多餐"。

定位：是指投饵要有固定的地点（食场或食台），使鱼养成到食场或食台吃食的习惯。这样既便于观察鱼类活动、检查鱼类吃食情况，又便于在鱼病流行季节进行药物防治工作。

（5）细心操作，防止鱼体受伤。在水体中或多或少存在着致病生物，如因操作而使鱼体受伤，就会造成病原生物的侵袭机会（特别是一些传染性鱼病的病原体）。因此，在拉网、过数及运输时，都必须细心操作。

另外日常管理也不应放松，如每天要坚持巡池，注意水质变化，捞除食场剩余饵料，定期药物预防，并观察鱼类活动情况，发现死鱼要及时确定病情，采取治疗措施等。

2. 培养抗病力强的新品种

首先是选育自然免疫的鱼类品种。在鱼类养殖过程中，可以见到一些发病严重的水体，大多数鱼因某种疾病死亡，也有少数鱼病后恢复了健康，也有未发病的鱼，而这些存活的鱼可能对疾病有较高的抵抗力或在鱼体内产生了某种抗体，对病原体有免疫作用。有目的地将这些鱼用专池饲养起来，系统观察这种特性是否能遗传下来并逐代增强。

其次是杂交培育抗病力强的鱼类品种。利用某种鱼对某种疾病具有天然免疫力和易生这种病的鱼杂交培育抗病力强的品种，也是预防鱼病的可取途径之一。我国有些单位采用草鱼和团头鲂杂交——鲩鲂，具有抗病力强的特点。虽然这种鲩鲂生长比草鱼慢，但不易得病死亡，在产量上有保障。但远缘杂交一般不育，因而影响了这一方法的运用。

（三）人工免疫

所谓人工免疫，就是用人工的方法给鱼体注射、喷雾、口服、浸泡疫苗，促使鱼类获得免疫性。这方面的工作在国内外都在不断地发展，取得了可喜的效果，但也存在着不少问题，尚待研究解决。

1. 疫苗供应

首先是供应疫苗的有效制剂，在国外由于鱼类免疫的研究稍早，实验技术比较先进，已有少数疫苗制剂生产商品化。我国这个问题比较突出，目前在生产上使用的疫苗都属脏器疫苗一类，制备方法简单，抗原成分复杂，疫苗效价很难测定，效果亦不稳定。特别是大规模生产应用也有一定困难，因此，必须继续进行这方面的研究。

2. 疫苗给予的途径

国内外的研究者均一致认为注射接种疫苗，可靠性大，效果好，但是耗费人力和时间，注射一般在鱼的腹腔、肌肉和背鳍基部进行，对要注射大批小鱼来说显然比较困难，所以，仅适用于大规格的鱼种，且放养量不多的水体。因此，要找到一种简单、方便、有效的给予途径，还处于摸索和试验阶段。现介绍国内外疫苗的给予途径，以作参考。

（1）喷雾法。国外有人应用液体喷雾装置，在 617.87 ~ 686.47 千帕（6.3 ~ 7 千克／平方厘米）的压力下，在与鱼相距 20 ~ 25 厘米的距离，用福尔马林灭活的鳗弧菌对大马哈鱼和虹鳟鱼进行均匀喷雾 5 ~ 10 秒。然后把鱼放在 12 ~ 18℃水中饲养 28 ~ 45 天。试验结果是鱼获得较高的免疫力。他们认为应用这种免疫途径只要少量的疫苗（从 0.01 ~ 100 毫克湿重菌的菌苗悬液）就可引起免疫反应，且有较高的免疫效果。这种方法可用于鱼类饲养周期中任何一个时期，可在饲养方便的任何时间进行。可避免鱼类操作时的机械损伤，免疫期长，超过 400 天。因此该方法是值得研究的。

（2）浸泡法。免疫抗原可以通过鱼的侧线和鳃组织进入体内。国内外不少单位进行浸泡免疫试验，如杭州大学生物研究所与浙江省淡水水产研究所以及武汉水产研究所用微量莨菪类药物作增效剂加入疫苗中，浸泡夏花草鱼，以预防草鱼出血病，取得较好的效果。

（3）口服法。将疫苗拌在饵料中投喂，这是最理想的办法，也适合于养殖鱼类，但是目前成功的报道很少。某些弱毒疫苗进入鱼体，自己能生长，可以试用。总之，口服办法是养殖者所希望的，但也存在很多困难，还须进一步研究。

3. 国内使用的几种疫苗简介

（1）草鱼传染病（赤皮病、烂鳃病、肠炎病）脏器疫苗的制备与使用。

①原毒疫苗的制备。取有典型病状的草鱼，用碘酒对鱼腹表面消毒后，用消毒剪刀剖开鱼腹，取出肝、脾、肾、腹水等称重后，按照 1：5 的比例，加 0.65%生理盐水，用研钵磨碎，然后用双层纱布过滤，滤液即为原毒疫苗。

②灭活。将上述的原毒疫苗，放入水浴锅内加温保持 60 ～ 65℃，2 小时。

③防腐保存。在灭活的疫苗中加入甲醛液，使之成为 1∶6 的浓度。用石蜡封瓶口，放在冰箱内保存，通常可保存 2 ～ 3 个月，放在阴凉处可保存 1 个半月。

④扩大疫苗来源的方法。冬末正是鱼种放养的时候，需要大量的疫苗，当时又无病鱼。可采用保存的原毒苗进行背鳍基部注射鳙或草鱼，控制适当水量，经 2 ～ 4 天，就可以获得病鱼。原毒苗的保存是用 5% 蔗糖牛奶作保护剂，以 1∶2 充分混合后，分装入毒种小瓶，每瓶 3 毫升，置真空冷冻干燥机（真空度 40 ～ 20 微米汞柱）冻干 15 ～ 16 小时，出柜后加塞封口，置冰箱保存，毒力可保存 1 年半以上。

⑤免疫注射。胸鳍或背鳍基部或背部肌肉均可注射。深度 0.2 ～ 0.5 厘米，以不伤内脏为准。注射剂量是将上述灭活疫苗，用生理盐水稀释 1 倍。体重 0.25 千克以下的草鱼注射 0.1 毫升；0.5 千克的注射 0.2 毫升。注射前用 2% 的晶体美曲膦酯浸洗鱼体，使鱼处于麻醉状态，便于操作，也可杀灭鱼体上的寄生虫。

（2）草鱼出血病灭活疫苗的制备与使用。

①疫苗制备。取有典型出血病病鱼的肝、脾、肾和病变的肌肉、鳃、肠道等组织，剪碎，匀浆，加入 0.65% 的生理盐水，稀释成 10% 的浓度，3500 转 / 分，离心半小时，取上清液，每毫升悬液加青霉素 800 单位，链霉素 800 微克，并按总量加 1% 的甲醛溶液，摇匀后放入 32℃ 恒温水浴灭活 72 小时，经安全试验，确保安全时，保存于 4℃ 冰箱中备用。

②疫苗注射。腹腔或肌内注射，当年草鱼种每尾注射以生理盐水稀释为 1% 浓度的疫苗 0.1 ～ 0.2 毫升。

（四）控制和消灭病原

下面以鱼池养殖为例。

1. 彻底清塘消毒

鱼池及其他养鱼水体，是鱼类的生活场所。塘底淤泥，岸边的杂草是很多病原生物的温床，所以彻底清塘消毒，既改善了鱼类的生活环境，又消灭了大量的病原，是重要的鱼病防治措施。

（1）清整鱼塘。一般是在冬季将水排干，挑去淤泥（可用做修补堤埂或种植青饲料的肥料），并铲除岸边杂草。然后让其自然冰冻，阳光曝晒，这样也可以消灭部分病虫和敌害。在此基础上适当的时候，再进行药物清塘。

（2）药物清塘。目前在生产上清塘的药物很多，从防治鱼病的角度来说，以生石灰和漂白粉为好。如果鱼塘曾发生过鱼病，清塘所用上述药物可酌情增加。近几年来，各地养殖场使用氨水清塘，是一种碱性溶液，也是一种液体氮肥。每亩水深6～10厘米，用氨水12～13千克，加水后均匀泼洒全池，氨水不仅能对鱼池起到施放基肥的作用，又能杀灭野杂鱼种与杀菌灭虫的效果。缺点是不能杀灭螺蛳。

2. 坚持消毒措施

（1）鱼体消毒。准备放养的鱼种或从外地运回的鱼种，在放养前要进行药物消毒。鱼体消毒前要认真检查鱼体上的病原体，以便根据病原体的不同种类，分别采用不同药物，以达到预期效果。消毒较渐变的作法是在捆箱内进行，捆箱插在鱼池的下风处，外面围塑料薄膜，以免药物扩散，然后测量捆箱水体容量，按照规定的浓度称取所需药物。药物化水后，均匀泼洒在捆箱内。让鱼自动在药液中游动一定时间后放开捆箱，让鱼自动游入池中或将鱼运走投放大水面。消毒药用漂白粉和硫酸铜合剂，每立方水用漂白粉10克和硫酸铜8克，能防治由细菌和原生动物寄生所引起的大部分皮肤病和鳃病；10毫克/千克美曲膦酯（90%）浸洗可防治指环虫病；5毫克/千克孔雀石绿浸洗可防治肤霉病和一部分原生动物病；2%～4%食盐水溶液浸洗对细菌、真菌及部分寄生虫有杀灭效果。

（2）工具消毒。养鱼工具也是传播病原的途径，往往是因为健康鱼池和病鱼池共同使用同一套工具而引起鱼病的蔓延，因此，养鱼工具也要消毒。最简便的方法是将工具洗净后，放在阳光下曝晒。也可用药物处理，网具可用10毫克/千克硫酸铜溶液浸洗20分钟，晒干后使用。木制工具可用5%漂白粉溶液浸洗，再在清水中洗净后使用。

（3）饵料消毒。病原体可从不清洁的饵料中带入，因此，投喂的饵料除必须清洁、新鲜外，还应进行药物处理。动物性饵料如螺蛳等用清水洗净，选鲜活的投喂。植物性饵料如水草，可用6毫克/千克漂白粉溶液浸泡20～30分钟后投喂（陆生植物可不必进行处理），粪肥每500千克加120克漂白粉，搅拌均匀后施放入池。

（4）食场消毒。食场周围常因剩余的饵料没有清除，为病原体的繁殖提供了有利条件，造成水质恶化而影响鱼体健康。为了防止鱼病的发生，就要勤掏食场，清除残渣剩饵，并每半个月用漂白粉消毒1次。方法可用泼洒或挂篓法。泼洒法：是每个食场用250克漂白粉溶于10～15千克水中，泼洒在食场水面，每天1次，连续3天。挂篓法：是在食场的竹架上悬挂直径8厘米，高16厘米篓篓3～6只，每只篓内装漂白粉100克，连挂3天。

3. 搞好发病季节前的预防

在各种鱼病流行季节到来之前，针对性地进行药物预防，尤其对细菌所引起的鱼病，更显得重要。

预防由寄生虫引起的鱼病，多采用硫酸铜和硫酸亚铁合剂（二者比例为 5 ：2）挂袋，这两种药因其溶解较快，故须用较密的布袋，袋子也是挂在食场的竹架上，每个袋内装硫酸铜 100 克，硫酸亚铁 40 克，挂袋的只数，视食场大小和水深而定，一般为 3 ~ 6 只。

凡预防由细菌所引起的鱼病，则须用漂白粉挂篓（同食场消毒挂篓法同）。挂篓和挂袋在鱼病发病季节 4—10 月，每月挂 2 次，可交替使用，每次都须连续 3 天。另外挂篓及挂袋也可用于疾病的早期治疗。

在肠炎病流行季节，须投药饵进行预防。目前简便易行的有效方法，大多是按 50 千克鱼，用大蒜头 250 克，加入饲料做成大蒜药饵（5 千克饲料加大蒜 250 克再加 200 克食盐），将大蒜头捣碎与饲料、食盐一起加水拌和放置食台即可。也可用磺胺脒拌饵料投喂，每天 1 次，连续 6 天。第 1 天用药量按池鱼（草鱼和青鱼）体重，每 50 千克用磺胺脒 5 克，第 2 天到第 6 天每天药量 2.5 克。由于草鱼和青鱼习性不同，须制成两种不同的药饵，即浮性和沉性药饵。

浮性药饵：每 2.5 ~ 5 克磺胺脒加米糠 500 克和榆树皮粉或面粉 150 克，用热水调和后，压成药条晾干即可。

沉性药饵：按上述同样药量加菜籽饼或豆饼 500 克和榆树皮粉（或面粉）100 克，作法同浮性药饵。

在肠炎病流行前半个月或一个月，开始投喂药饵，草鱼每次只喂药饵，不喂饲料和草。一般药饵量不变，含药量则有变动，如第 1 天每 50 千克鱼喂含 5 克磺胺脒加 2.5 千克拌料的药饵，第 2 天到第 6 天每 50 千克鱼喂食场挂篓及挂袋含 2.5 克磺胺弧加 2.5 千克拌料的药饵。青鱼在投喂药饵前，投喂饵料要比平时减少一半，然后再投药饵。

4. 消灭传病动物

软体动物、水生环节动物以及小型甲壳动物是鱼类—些疾病病原体的中间宿主。而一些食鱼的鸟类（鸥、鹭、翠鸟等）则是许多鱼类寄生虫的终末宿主。消灭它们，同样可切断病原体的传播途径。

上述鱼病预防的措施中，最主要的是加强饲养管理，提高鱼体本身的抗病力，至于采用药物预防，只能看做是与提高抗病力配合的一种办法，两者结合起来才能收到应有的效果。如果孤立地去做药物预防工作，是不可能解决根本问题的，况且在目前条件下，要想彻底消灭病原体，也是难以做到的。所以加强饲养管理，发挥鱼体的内在作用，是预防鱼病最根本的措施。

第二节　鱼类生物疾病的检查和诊断

一、检查病鱼应注意的事项

（一）检查中的注意事项

第一，供作检查的鱼，要用将要死的或刚死不久的，否则会因鱼死过久，病原体离开鱼体或死亡。病原体死亡，其身体就会改变形状或完全崩解腐烂，无法鉴别。另外，有许多病症，在活的或刚死的鱼体上很明显，但死亡过久，加上各种组织腐烂，原来所表现的病症也无法辨别。

第二，检查病鱼过程中要保持鱼的体表湿润，因为体表干燥，病原体会很快死去，有些病症也会因此变得不明显，甚至根本无法辨认。取样时，标本应放在盛水（原池水）的盘子或水桶内。如果没有容器，样品（鱼）可用湿纱布或湿纸裹住，以防干燥。

第三，检查解剖过程中，所分离的组织应保持其完整性分开放置，并保持其湿润。防止各组织的病原体相互污染。

第四。所有的解剖器具在对某一条鱼，甚至同一条鱼的不同组织接触过的都要洗干净，才可用在另一条鱼或另一组织上。这是为了避免把病原体从一条鱼带到另一条鱼或从一种组织带到另一种组织，以免诊断时，生病原体对宿主种类及寄生部位的混淆。

第五，检查时应按一定的程序进行，否则会发生忙乱或遗漏，不能肯定的病原体或病变症状，应留下标本，以便进一步研究。

（二）检查方法

1.肉眼检查法

由于病原体的寄生，往往在病鱼的相应部位，呈现一定的病理变化，症状明显的肉眼就可以判断，如大部分传染性鱼病。有的病原体较大，如一些蠕虫及甲壳动物等，肉眼也可见。所以肉眼检查是一种比较方便并可很快收到一定效果的检查方法。但这种方法也有一定的局限性，因为鱼病中有不同的病原，而表现共同的症状，另外一些细小的病原或寄生在鱼类的组织内的病原体，肉眼也难以看出。因此，除用肉眼检查外，还应进行镜检，以保证检查结果可靠。

2.光学显微镜检查法（镜检法）

用光学显微镜、解剖镜辅助肉眼检查病鱼，主要有如下两种方法。

（1）玻片压展法。用两片厚3毫米，大小为12厘米×6厘米的玻片，将要检查的器官、组织的一部分，或从体表刮下来的黏液或从肠管里取出的内含物等，放在一块玻片上，滴加少许清水或生理盐水，体外组织或黏液用清水，体内组织或肠内含物用生理盐水，再用另一块玻片将它压成透明薄层，即可放在解剖镜或低倍显微镜下检查。如发现病原体或可疑之物，仔细用镊子或解剖针、微吸管将其从薄层中取出来，放在盛有清水或生理盐水的培养皿里，进一步加以详细观察或收集处理。

（2）载玻片压展法。适用于低倍和高倍显微镜检查。用小剪刀或镊子取出一小块组织或少量黏液或内含物置于载玻片上。滴加适量清水或生理盐水，盖上盖玻片，轻轻地压平后，先在低倍显微镜下检查，也可用高倍显微镜详细观察。

对细菌和病毒，除用肉眼和光学显微镜检查它们所表现的一些可能是这些病原体引起的症状外。还必须通过特有的方法，即病毒学方法和细菌学方法才能检查和确定其病原体。

3.检查步骤

检查病鱼需按一定的顺序进行，以防忙乱遗漏。原则是先目检后镜检。对所检查的鱼要有各种记录，如种名、年龄、检查时间和地点等。检查各个器官，通常按照下列顺序进行：黏液、鳍、鼻腔、血液、鳃、口腔、腹腔、脂肪组织、消化管。现将生产上常检查的体表、鳃、肠道3个部位的方法简述于下。

（1）体表。将病鱼放在解剖盘里，首先目检其体色及肥瘦等有关情况，并注意观察皮肤是否擦伤或腐烂、发炎或充血，有无蛀鳍，是否长有霉菌或锚头鳋、鲺等大型寄生虫以及白色小瓜虫囊泡或灰白色的黏孢子虫胞囊等，在鱼类体表除肉眼可能见到的明显病症和病原体外，往往还有许多肉眼看不到的寄生虫，如口丝虫、隐鞭虫、车轮虫、三代虫等，这些病原体必须用显微镜才能观察到。检查的方法是用解剖刀或弯头镊子刮取体表黏液，置于载玻片上，加上1～2滴清水，盖上盖玻片，即可进行镜检。

（2）鳃。同检查体表一样，首先用肉眼检查，观察鳃丝色泽、黏液的多少；有无充血或发白腐烂；有无污泥，鳃是否"开天窗"；有无白色胞囊及大型的寄生虫等。肉眼检查完毕后，将左右两边的鳃完整地取出，一片一片地分开放在培养皿里，用小剪刀取鳃丝黏液或片鳃组织，放在载玻片上，加少量清水，盖上盖玻片，在显微镜下仔细检查。鳃是较易被各类病原体寄生的部位，细菌、真菌、原生动物、单殖吸虫、甲壳类和软体动物的幼虫等，在鳃上都可以找到。检查时每边鳃至少要检查两片，鲢、鳙还要检查鳃耙。取鳃丝检查时，最好从每边鳃的第一片鳃片接近两端的位置取一小块，因为这个位置寄生虫较集中。检查完小型寄生虫后，将放在培养皿的鳃，置解剖镜下观察，观察时，用两根解剖针，把鳃丝逐条拨开，仔细检查。最后用弯头镊子把每片鳃上的黏液完全刮下，并用清水稀释，静置稍许，倒去上层清水，这样反复数次，再在镜下观察吸虫、甲壳类、软体动物幼虫。

（3）肠道。解剖鱼体一侧的体壁后，内部器官便显露出来。检查肠道时，先把肠外壁脂肪组织除干净，然后将肠管拉直。先用肉眼观察，肠外壁如有许多白色瘤状物，通常是黏孢子虫的胞囊。再分别在肠道的前、中、后段各剪开一个小口，用小镊子分别从小口取出一些内含物放在载玻片上，加少许生理盐水，盖上盖玻片，在显微镜下检查。每段肠道同时要检查 2 ~ 3 片，最后再用剪刀小心地把整条肠道剪开，剪的时候要注意勿把肠内大型寄生虫剪断。如果发现有大型的寄生虫，先将它取出，放在装有生理盐水的培养皿内。再看肠内壁是否充血发炎，有无溃烂与白色瘤状物等。最后把肠的内含物及黏液刮下来，放在培养皿中，加入生理盐水稀释并搅匀，在解剖镜下检查。也可把肠按前、中、后 3 段剪断（小鱼的肠不必剪断），用玻片压展法检查。

二、鱼病的诊断

（一）鱼病的诊断

鱼病诊断的目的在于通过观察、检查、调查、分析，对病鱼所患疾病作出正确的诊断，以便对症下药或采取合理的措施，使损失尽可能降低。诊断鱼病要注意的问题如下。

第一，检查病鱼时，先用肉眼观察，注意病变部位及其程度，如为并发症或出现病症比较复杂时，应尽可能找出最主要的病症。如果病鱼所表现的症状不明显或单凭肉眼无法确定时，就先进行镜检。在镜检的过程中，还要注意各种病原体的鱼，分析其数据以及引起发病或造成死亡的原因，同时还需要知道各种病原体能引起鱼类发病时间，避免诊断错误。

第二，了解养鱼水体各种条件，如水温、水源、含氧量、酸碱度，以往鱼病流行情况，饲养管理（包括清塘、鱼种来源、放养密度、投喂、防病措施等）以及发病前后的有关变化。

第三，根据检查与调查所得的材料，认真分析研究，最后初步确定是什么病，再对症下药。

第四，下药治疗仅是第一步，更主要还是下药之后的检查，它可验证前面检查、诊断是否正确，这对总结经验，提高防治水平有很大意义。

（二）病原体的计数标准

鱼类发病的轻重程度与病原体的侵入数量有直接关系，因此要弄清病原体大致数量。对大型的病原体计数比较方便，但对于小型的病原体，如原生动物，计数有很大困难，因为在显微镜下不可能将病原体逐个计算清楚，所以只能采用估计的方法处理。依据所定的方法，采用同一标准进行计数，虽然不一定十分准确，但可相对说明病原体危害程度，可及时采取相应的防治措施。

1. 表示病原体数量的符号

病原体数量用"+"表示，"+"表示有；"++"表示多；"+++"表示很多。在一般情况下，打"++"的就开始出现少量死鱼，这时在生产上就必须采取治疗措施，否则会引起病情加重。当然"++"出现死鱼也不是绝对不变的，如果鱼体比较瘦弱，有时"+"也可死鱼，特别健壮者，有时"+++"发病初期，也不一定死鱼，不过都应采取必要治疗措施。

2. 各种病原体的计数

传染性鱼病，如草鱼出血病、白皮病、肠炎病、赤皮病、烂鳃病等，按病症的轻重程度分别用"+"表示轻微；"++"表示较重；"+++"表示严重。同时还须用文字描述病症及死亡情况。

原生动物，个体小且不同种类个体大小差异又很大。纤毛虫等在低倍显微镜一个视野下 1～20 个虫体记"+"；21～50 个记"++"；51 个以上记"+++"。小瓜虫除按上面标准记数外，在计算囊泡时，则可用文字说明。鞭毛虫等则以显微镜的高倍视野为单位，具体标准同上。黏孢子虫需计算胞囊数，可用文字说明。

单殖吸虫、复殖吸虫、绦虫、线虫、棘头虫、甲壳动物、钩介幼虫等在 50 个以下均以数字说明，50 个以上，则说明估计数字或者部分器官里的虫体数，如一片鳃、一段肠子里的虫体数。

注：低倍显微镜为 10×8；高倍显微镜为 10×40，病原体的数量，用载玻片镜检时，都是以同一玻片中，观察 3 个视野的平均数为准。

第三节 鱼类生物常见疾病及其防治方法

一、传染性鱼病

这是指由病毒、细菌、真菌和单胞藻类等所引起的鱼病。这类疾病种类虽不算多，但发病率、死亡率均较高，流行广泛，而且还往往有复杂的并发症，增加了治疗上的困难。由这类鱼病所造成的损失占鱼病总体的 60% 左右，因此认真对待这类鱼病对发展淡水渔业生产是十分重要的。

（一）草鱼出血病

病原：为草鱼呼肠道病毒。

病症：主要症状是鱼体一些器官和组织表现充血。如病鱼眼球突出，鳍基、鳃盖、眼眶、口腔、下颚、腹部等表皮组织，肉眼就可见到充血。体长 3 ~ 6 厘米的病鱼在阳光下透视，可见到皮下肌肉充血。比较大的病鱼，将皮肤剥除后，可见肌肉呈点状或块状充血。鳃丝有时呈鲜红色点状或斑块状充血。有些病鱼，因其他器官大量充血，使鳃失血而呈苍白色。内部器官主要是肠道局部或全部充血，肠系膜有红点。一般肠壁不烂不化脓，具韧性。少数病鱼的肝、脾、肾等出现灰白色或局部充血，鳔壁及胆囊常充满血丝。

根据病鱼所表现的症状，一般有红肌肉型、红鳍红鳃盖型和肠炎型。这 3 种类型的病症，不能截然分开，有时也可混杂出现。

危害及流行：该病是草鱼种饲养阶段危害最严重的一种鱼病，死亡率高。流行地区遍及乌江流域及广东、广西、福建等养鱼地区，黄河以北也有流行的报道。除草鱼种外，青鱼种亦可发病（可能病原体不同）。每年 6—9 月是此病的流行季节，水温在 27℃ 以上最为流行，8 月为流行高峰期，水温降至 25℃ 以下病情逐渐消失。

防治方法：目前主要给鱼种注射草鱼出血病灭活疫苗，可产生特异性的保护力，对出血病的抗病力至少可维持 14 个月。

（二）白头白嘴病

病原：是一种黏细菌。

病症：病鱼吻周围皮肤的色素消失，呈乳白色。池边观察水面游动的病鱼，可见白头白嘴症状，如果将病鱼放在白木（瓷）盆内观察，则不甚明显。严重的病鱼，唇肿胀，口周围的皮肤溃烂。从镜检发病部位的取样，除可看到坏死的细胞、黏液、红细胞等外，还可见到滑动的黏细菌及游动活泼的杆菌。个别病鱼头部有充血现象；病鱼体瘦而发黑，散乱地浮动游于水面，不久就出现大量死亡。发病严重的鱼池，麦穗鱼和蝌蚪也会被感染而死。

危害及流行：该疾病是夏花培育池中常见的严重疾病之一，草鱼、青鱼、鲢、鳙、鲤等的鱼种均可发病，尤对草鱼和鲤危害最大。鱼苗下池一星期后。如管理不善，该病就会发生。发病之快，来势之猛，殊为罕见，一日之间能使全池的草鱼种或鲤鱼种大批死亡。

防治方法：采用生石灰清塘，合理的放养密度和及时分塘等措施可以防止或减少此病的发生。在有发病的预兆或已开始发病的鱼池可采用乌蔹莓（五爪龙、硼砂合剂）。乌蔹莓每亩 2.5～3 千克，硼砂 1.5～2 毫克 / 千克，使用时先将草药粉碎再混匀硼砂，直接全池遍洒（也可混在豆饼浆中遍洒），每天 1 次，连续 3～5 天。亦可用生石灰，每亩（1 亩≈677 平方米。全书同）1 米水深，15～20 千克化水后全池遍洒。

（三）竖鳞病

病原：初步认为是水型点状极毛杆菌。

病症：病鱼体表粗糙，部分（多数在尾部）或全部鳞片像松球似的向外扩张。鳞片基部的鳞囊水肿，内部积聚半透明或含有血的渗出物，以致鳞片竖起，如在鳞片上稍加压力，就有液状物从鳞囊内喷射出来，鳞片也随之脱落。有时还伴有鳍基扣皮肤表面充血，眼球突出，腹部膨胀等症状。病鱼游动迟缓，呼吸困难，身体侧转，2～3 天后即死。

危害及流行：该病主要危害鲤、鲫和金鱼。在我国东北、华东、华中、乌江流域等养鱼地区时有发生。疾病有两个流行期，一为鲤产卵期，二为鲤越冬期。但一般以 4 月下旬至 7 月下旬为主要流行季节。

防治方法：操作仔细，避免鱼体受伤。以 2% 食盐水与 3% 小苏打混合，浸洗病鱼 10 分钟。也可用氯霉素腹腔注射，每尾 3～6 毫克。

（四）赤皮病

病原：为荧光假单胞菌。

病症：病鱼体表局部或大部分充血发炎，鳞片脱落，特别是身体两侧和腹部尤为明显，所有鳍基部充血，梢端腐烂，常烂去一段，鳍条间组织被破坏，鳍条分离（亦称"蛀鳍"）。有时病鱼上下颚和鳃盖有块状红斑，肠道亦充血发炎。

危害及流行：主要危害草鱼、青鱼的大规格鱼种和成鱼，鲤也有发生。从早春到冬季全年可见，流行遍及全国各养鱼地区。每年在放养及捞捕后，由于鱼体受伤，容易发生此病；严寒冬季，鱼体也会因冻伤而感染。此病症也常与草鱼出血病、烂鳃病、肠炎病并发。

防治方法：鱼池彻底清塘消毒。操作仔细，防止鱼体受伤。鱼种放养时，要以 10 毫克/千克漂白粉的水溶液浸洗。该病除在鱼的体表引起病变外，病原体还侵入体内及血液，因此，在治疗时必须考虑体外、体内同时用药。

体外用药：漂白粉 1 毫克/千克浓度或五倍 2～4 毫克/千克浓度全池遍洒。

体内用药：使用磺胺噻唑，每天 1 次，连续 6 天，第一天用量为每 50 千克鱼用 5 克，第 2 天至第 6 天各为 2.5 克，将磺胺噻唑、饵料及适量的黏合剂混合，做成药饵（与做磺胺脒药饵同），分别投喂。有报道，磺胺噻唑与增效剂并用，可起到加强效果的作用，可试用。

（五）腐皮病（打印病）

病原：为点状产气单胞菌点状亚种。

病症：发病部位主要在背鳍和腹鳍以后的身躯下部（臀鳍上方），其次是腹部两侧。发病部位先是出现圆形、卵圆形或椭圆形的红斑，好似在鱼体表加盖了红色印章，且左右各一。随着病情的发展，表皮腐烂，红斑的直径及深度也有扩大，印章轮廓更为鲜明。严重时肌肉腐烂，露出骨骼或内脏。病鱼常漂浮水面，尾鳍上叶常露出水面缓慢游动。

危害及流行：该病目前已发展为常见鱼病之一，主要为害鲢、鳙，从鱼种到成鱼及亲鱼都有发病，各地陆续报道，草鱼的亲鱼也发生此病。该病发病率很高，发病严重的鱼池，可高达 80% 以上。但病程较长。病鱼虽然不会很快死亡，但影响成鱼生长和发育，给生产带来损失。我国各养鱼地区都有流行。且一年四季均可发现，但以夏秋两季最为常见。

（六）鳃部及病原体

防治方法：保持水质清洁，鱼池要经常适量地注加新水。发病池可用漂白粉浓度为 1 毫克/千克或呋喃唑酮 0.1 毫克/千克全池遍洒。亲鱼发病可在患病部位直接涂抹杀菌药物（漂白粉、高锰酸钾等），结合腹腔注射金霉素（5 毫克/千克体重）或四环素（2 毫克/千克体重）。

（七）烂鳃病

病原：鱼害黏球菌。

病症：病鱼鳃丝腐烂发白，鳃丝末端软骨外露，带污泥，鳃盖骨的内表皮充血，中央部分的表皮常被腐蚀成圆形或不规则的透明区（俗称"开天窗"）。取病灶部位的鳃丝在镜下检查，可在黏液及污泥中见到很多细长的黏细菌。

危害及流行：该病在青鱼、草鱼、鲢、鳙、鲤、鲫等都有发生，主要是为害草鱼。在乌江流域 1 龄以上的草鱼每年 4 月下旬开始发病；草鱼种在夏花分塘不久就有此病发生，可延续到 10 月份。它是草鱼鱼种、成鱼阶段主要的疾病之一，且死亡率高。全国养鱼地区都可发生。水温 15℃以下一般很少发病，20℃开始发病，28 ~ 30℃是最适宜的发病温度。就季节而言，春夏秋均有发生，尤以夏季较严重。常与肠炎病、赤皮病以及病毒性出血病并发。

防治方法：发病初期，可在食场上悬挂漂白粉篓篓。病重时，全池遍洒生石灰，浓度为 14 ~ 20 毫克/千克；也可用漂白粉 1 毫克/千克或呋喃唑酮 0.025 ~ 0.05 毫克/千克全池遍洒。

（八）疖疮病

病原：为疖疮型点状产气单胞菌。

病症：患病的鱼，鱼体背部皮下肌肉组织发炎并出现溃烂脓疮，隆起红肿，用手触摸有浮肿感觉，脓疮内充满脓汁、血液和大量的细菌。有"蛀鳍"现象，严重的病鱼肠道亦充血。

危害及流行：主要为害青鱼的成鱼，草鱼、鲤也偶有发生。主要流行于江苏、浙江、湖北等地，但不多见，也无明显的流行季节。

防治方法：同赤皮病。

（九）肠炎病

病原：初步认为是肠型点状产气单胞菌。

病症：很多传染性鱼病，都伴随肠道充血发炎，如草鱼出血病、赤皮病等。但由该菌所引起的肠炎病症状为病鱼外观腹部松软膨大，呈现红斑，肛门红肿外突，轻压腹部就有淡黄色黏液或血脓从肛门流出；发病严重的鱼，提起鱼体，黏液及血脓即可从肛门自动流出。有"蛀鳍"现象。剖开鱼腹，可见腹腔积水，肠内无食物，肠壁充血发炎，轻者仅前肠或后肠呈现红色，严重时全肠呈紫红色。病鱼体色发黑，游动迟缓，离群独游，很快即死去。

病症：鱼体表面有像旧棉絮状的菌丝体，菌丝寄生处，有严重的充血和肌肉腐烂现象。内菌丝伸入肌肉组织，它能分泌一种酵素分解鱼的组织，使病鱼焦躁不安。鱼体受刺激后分泌大量黏液，运动也不正常。在鱼卵的孵化过程中（特别是黏性卵），也常受霉菌之害，受害卵肉眼可见菌丝附在卵膜上，在水中呈放射状，故有"卵丝病"或"太阳杆"之称。

危害及流行：此类霉菌或多或少地存在于一切淡水水体，对温度的适应范围很广，所以一年四季都会有该病出现，全国各养鱼地区均有流行。霉菌对寄主无严格的选择，几乎所有的养殖鱼类，从卵到各种年龄的鱼，都可感染受害。患病的主要原因是抬网、搬运及放养时操作不仔细而擦伤鱼体，鱼卵主要是受精率及孵化率不高，死卵过多，而死卵抗霉能力丧失，致使霉菌侵入而引起发病。

防治方法：在抬网、运输和放养过程中要尽量仔细，勿使鱼体受伤。鱼种发病时可采用 10 毫克/千克孔雀石绿或食盐水溶液浸洗；亲鱼在下塘或回塘时，用 1% 孔雀石绿软膏涂抹鱼体和注射适量的消炎药物。对鱼卵最重要的是提高受精率和孵化率，首先是控制在良好天气条件下产卵；其次，将产卵鱼巢放在流水的环道内孵化，能获得较高的孵化率，可减少霉菌动孢子的感染。对黏性鱼卵在池塘孵化时，对产卵鱼巢可用 10 毫克/千克的孔雀石绿浸洗 10 ~ 15 分钟连续 2 天，以后每天早晚用 20 ~ 100 毫克/千克孔雀石绿水溶液 10 ~ 15 千克在孵化架水面泼洒 1 次，直至鱼苗孵出为止。家鱼卵在孵化过程中，根据水霉感染情况，用 2.5 ~ 5 毫克/千克的孔雀石绿水溶液间歇向环道内泼洒。每次泼洒间隔半小时，共泼 2 ~ 3 次。

二、侵袭性鱼病

它是指由寄生虫所引起的鱼病，病原包括原生动物、蠕虫、甲壳动物和软体动物等。

（一）鳃隐鞭虫病

病原：为鳃隐鞭虫。虫体呈柳叶形，扁平，前端钝圆，后端削尖，体长 5 ~ 12 微米，体宽 3 微米。从身体前端长出两根鞭毛，一根向前叫前鞭毛，另一根向后沿身体构成波动膜，再伸到体后游离为后鞭毛。身体中部有一圆形的胞核，胞核前有一个大小与胞核相似的动核。

病症：没有特殊的症状，确诊必须通过显微镜检查。

危害及流行：它可寄生于多种淡水鱼类鳃上。但能引起大量死亡的是夏花草鱼。该虫在寄生时用后鞭毛插入鱼类鳃组织，造成机械损伤；另外它还可以分泌毒素，溶解鳃组织。由于鳃组织被破坏，加上鳃上黏液分泌增多，严重影响鱼的呼吸，终于窒息而死。此病在全国各养鱼地区均有发现。20 世纪 50—60 年代，成为夏花草鱼阶段的严重病害之一（70 年代后发生减少）。较大草鱼有抵抗力，鲢、鳙对该病有天然免疫力，即使大量感染也不发病。每年 7—9 月是流行高峰季节。

防治方法：鱼种放养时用 8 毫克/千克硫酸铜浸洗；经常在食场悬挂硫酸铜与硫酸亚铁合剂的药袋，可减少此病发生。发病池用 0.7 毫克/千克硫酸铜与硫酸亚铁合剂（5 ∶ 2）全池遍洒。

（二）鱼波豆虫病（口丝虫病）

病原：为飘游鱼波豆虫。虫体从侧面观，呈梨形或卵形，侧腹面观，似汤匙。体长 5 ~ 12 微米，宽 3 ~ 9 微米。体侧有 1 条纵的口沟，从口沟前端向后生有两根等长的鞭毛（有时可看到 4 根鞭毛），游离于体外，虫体中部有 1 个圆形的胞核，胞核后面有 1 个伸缩泡。

病症：早期肉眼难以看到由该虫体所引起的特有症状，要借助显微镜来诊断。病情严重时，皮肤覆盖有灰白色或淡蓝色的黏液层。

危害及流行：该虫以后鞭毛插入寄主的皮肤或鳃组织，刺激鱼体产生过多的黏液，引起皮肤及鳃组织坏死。饲养鱼类都可被寄生，幼鱼尤为敏感，特别是越冬后的鱼种，最易被害。这是由于经过越冬后的鱼种体质瘦弱，加上水温在 12 ~ 20℃，正是鱼波豆虫繁殖适宜温度的缘故。2 龄以上的大鱼虽也常受感染，一般不会引起死亡，但可成为病原体携带者。全国各地养殖场都有发生，以江苏、浙江为甚，发病季节在冬末、春季，冷水性鱼类也可感染。饲养于水族箱内的金鱼也常受其害。

防治方法：同鳃隐鞭虫病。

（三）艾美虫病（球虫病）

病原：艾美虫。我国已报道有 20 多种，常见的有青鱼艾美虫、住肠艾美虫、鲤艾美虫等。各种艾美虫在发育过程中，无例外地产生球形或近球形的卵囊，卵囊直径6～14微米。成熟卵囊外面包一层厚而透明的卵囊膜，里面有4个孢子，每个孢子有2个孢子体。成熟的卵囊随寄主的粪便排至水中被健康鱼吞食之后，艾美虫的无性生殖和有性生殖就在鱼体内完成。无性生殖所产生的裂殖子，能在肠组织内进行重复感染，使体内病原体数量不断增加，肠组织遭到严重破坏，致使病鱼死亡。有性生殖最终形成。

病症：艾美虫主要寄生于鱼类肠管，少量感染不显症状，严重感染青鱼艾美虫和住肠艾美虫的青鱼，腹部膨大、肠道前段的肠壁上有许多白色的小结节，肠管要比正常的粗2～3倍，白色的小结节是卵囊群集而成。病鱼肠壁表现溃烂充血，严重时能引起肠壁穿孔。

危害及流行：能引起危害的是寄生于青鱼肠道的青鱼艾美虫和住肠艾美虫，鲢、草鱼等虽也有艾美虫寄生，但未见致病报道。适合艾美虫大量繁殖的水温为24～30℃，每年4—7月份，特别是5—6月份最为流行。该病在江苏、浙江一带流行普遍而严重，2～3龄青鱼常因此病导致严重死亡。

防治方法：采用生石灰清塘等预防。浙江淡水水产研究所报道，每10千克鱼用硫黄粉10克或碘0.24克混在饵料内（主要是豆饼）投喂，连续4天，可作预防和治疗。

（四）黏孢子虫病

黏孢子虫是淡水鱼寄生虫中种类最多、最为常见的一类孢子虫。各种黏孢子虫在发育过程中，最终产生形状和大小不同的孢子。孢子系由原生质特化的两块几丁质壳片并合而成。两壳片相接处称为缝线，缝线一般是直的，也有的呈"S"状，继线由于增厚或突起呈脊梁状结构，称为缝脊。有缝脊的一面称缝面（侧面），无缝脊一面称为壳面（正面）。孢子里面，包含着极囊和孢质两部分。极囊的数目因种类而不同，通常有1～4个，其大小有相等或不等之别，其位置在孢子的前端，或孢子的两端，极囊里面有一根螺旋盘绕的极丝，受刺激时则从极囊孔射出，借以附着寄主组织。在孢质里通常有2个胚核，此外，有些种类在孢质中还有一个嗜碘泡，遇碘时呈棕褐色。在我国淡水鱼类中，已发现的黏孢子虫近200种，其中大多寄生数量不多，对鱼为害不大，但也有不少种类，往往大量寄生引起严重的流行病。黏孢子虫寄生在鱼类各器官和组织上形成的胞囊，破坏器官、组织的正常机能，影响鱼类的生长发育、甚至导致死亡。尤其寄生于鳃、肠和神经系统的种类危害较大。

现按病原体侵袭寄主的部位，分述如下。

1. 黏孢子虫引起的皮肤病

病原：比较常见的和危害较大的有野鲤碘泡虫、鲤单极虫和中华尾孢虫等。

病症：由于病原体寄生在鱼体上，形成肉眼可见的灰白色点状、块状或瘤状等不同大小的胞囊。病情越发展，数量也越多。患病的鱼尤其是幼小的鱼，因皮肤组织被破坏而影响生长，还因大量胞囊寄生体表，使鱼体失去平衡，影响正常游泳和摄食，鲤、鲫、鲮最易感染。

2. 黏孢子虫引起的鳃病

病原：比较常见的有黑龙江球孢虫、异型碘孢虫、变异黏体虫、巨间碘孢虫等。

病症：在病鱼的鳃上可发现灰白色的胞囊。但也有一些种类不形成胞囊，大量的孢子散布在鳃丝组织内，甚至侵入微血管。由于它们的寄生，鳃组织遭受破坏而影响鱼类的呼吸。饲养鱼中鲢、鳙、鲤、鲫、鲮等的幼鱼最易被感染，引起大批死亡。寄生在鱼类皮肤和鳃组织的黏孢子虫，可试用 0.2 ~ 0.5 毫克/千克浓度的 90% 晶体美曲膦酯治疗。

3. 黏孢子虫引起的肠道病

病原：比较普遍的有鲢黏体虫、中华黏体虫、草鱼碘孢虫和饼形碘孢虫等。

病症：由于虫体的寄生，在鱼类肠管的内外壁都可见到胞囊。寄生于草鱼种肠道中的饼形碘泡虫，在广东、广西两省（区）最为流行，可造成苗种的大批死亡。现在福建、湖南、湖北、云南、贵州等省也有流行的报道。

饼形碘孢虫曾在湖北省沙市发现一例，夏花草鱼由于该虫的寄生，前肠变粗，肠内好似充满观音土，肠很脆易破断。使用晶体美曲膦酯 0.3 毫克/千克全池遍洒，同时用晶体美曲膦酯 300 克加米糠 15 千克拌和投喂，连用 4 天，能收到很好的效果。

4. 鲢疯狂病

病原：主要是鲢碘泡虫侵袭鲢的神经系统和感觉器官而引起。

病症：外观病鱼消瘦，头大尾小，脊柱向背部弯曲，尾部上翘。病鱼在水中狂游乱窜，抽搐地打圈子，时而浮在水面，时而窜入水底，不久即死去。该病全年都可发生，但以春秋两季发病为多，主要为害 30 厘米左右的鲢、鳙，病区水体包括池塘、河流、湖泊、水库，特别是大水面湖泊、水库病情更甚。

防治方法：在黏孢子虫病流行区每亩需用生石灰 125 千克或以石灰氮（碳氮化钙）100 千克进行干塘消毒。清塘后经过 4 周换水 1 次，换水 1 周后再放鱼苗。冬天鱼种在养前采用 500 毫克/千克高锰酸钾溶液或 500 毫克/千克石灰氮悬浊液浸洗 30 分钟，能杀灭大部分孢子。根据吴宝华室内药物治疗试验的初步结果表明，10毫克/千克粉剂美曲膦酯（2.5%）效果较好，磷酸氯奎5毫克/千克比较好。

黏孢子虫除寄生鱼类上述组织、器官外，鱼类其他器官如肝、胆囊、肾、脾、心脏、生殖腺、膀胱、鳔、肌肉等，也常被一种或几种黏孢子虫寄生，如寄生数量较多时，会对鱼产生一定的危害。

（五）小瓜虫病

病原：为多子小瓜虫，它的形态，幼虫期和成虫期有很大的差别。

幼虫期：虫体一般呈椭圆形，前端尖，后端钝圆，体长33～54微米，体宽19～32微米，前端有乳头状的突起，称"钻孔器"。全身密布长短一致的纤毛，在后端长出一根特别粗的纤毛，长度为纤毛的3倍。另有"6"字形的胞口，大核圆形，小核球形，虫体前半部有一个伸缩泡。

成虫期：虫体呈卵圆形或球形，长0.3～0.8毫米。周身着生短小均匀的纤毛。前端腹面有一胞口，体中部有一马蹄形的大核，小核不易见到，原生质内常有大量的食物粒和许多小伸缩泡。

生活史：成熟虫体冲破囊泡，在水中自由游动一段时间后，落在池底或水体中的各种物体上形成胞囊，在胞囊里虫体用分裂法繁殖，形成许多纤毛幼虫。出了胞囊的纤毛幼虫很快侵入鱼体，刺激鱼体周围上皮细胞增生，形成白色的小囊泡。虫体在囊泡里不断成长为成虫。

病症：病鱼的皮肤、鳍条或鳃上肉眼可见密布白色小点状的囊泡，故称"白点病"。病情严重时，鱼体覆盖一层白色黏液层。病鱼游泳迟钝，漂浮水面。

危害及流行：此病是一种危害较大的鱼病之一，对寄主无严格的选择，各种淡水鱼的幼鱼、成鱼都可感染此病，但危害苗种尤甚。水族箱或小池子饲养的金鱼，也常受其害，全国各地养鱼场均有此病发生。适于小瓜虫生长和繁殖的水温为15～25℃。因此，在乌江流域该病流行时期为每年3—5月和9—10月。

防治方法：发病池可用硝酸亚汞2毫克/千克浸洗或全池遍洒，遍洒浓度为0.1～0.2毫克/千克。也可用0.2～0.4毫克/千克的孔雀石绿浸洗。

（六）斜管虫病

病原：为鲤斜管虫。虫体腹面观为卵形，左右两边不对称，左边较直，右边稍弯，后端有一小凹陷。侧面观背面隆起，腹面平坦，前部较薄，后部较厚。体长40～60微米，宽 25 ~ 47 微米。腹面两边有几条长短不一的纤毛线，左边一般为 9 条，多的 11 条，少的 7 条；右边一般 7 条，多的 9 条，少的 6 条。每条纤毛线上长着等长的纤毛，腹面前部有一喇叭状的口管，由 10 ~ 14 根刺杆组成。大核位于后方，近圆形，其下方有一球形小核，另有两个伸缩泡，一前一后。

病症：该虫寄生在鱼的鳃、皮肤上，刺激寄主分泌过多的黏液，使寄主皮肤表面形成苍白色或淡蓝色的黏液层。病鱼群集水面，游动无力，鱼体消瘦发黑。也要通过显微镜观察来确诊。

危害及流行：各种温水性淡水鱼和冷水性鲑鳟鱼类，从鱼苗到成鱼都可被斜管虫寄生，主要是为害苗种，大量寄生时可造成大批死亡。产卵的亲鲤，也常受其害。斜管虫繁殖适宜温度为 12 ~ 18℃，初冬和春季是它的流行季节。全国各养鱼地区均有发生。

防治方法：可用 8 毫克/千克硫酸铜浸洗病鱼或用 0.7 毫克/千克硫酸铜和硫酸亚铁（5∶2）合剂全池遍洒。

（七）车轮虫病

病原：是车轮虫属和小车轮虫属的种类。国内已发现 14 ~ 15 种。根据鱼体上车轮虫的大小可将其分为两种：一种是大型的车轮虫，虫体直径为 54 ~ 101 微米，主要侵袭鱼类的皮肤；另一种是小型的车轮虫，虫体直径为 20 ~ 47 微米，主要侵袭鱼类的鳃。虫体结构比较复杂，侧面观像毡帽，隆起的一面叫口面；和口面相对而凹入的一面叫反口面。口面有一向左环绕的口沟，最后与胞口相通，口沟两侧各长一行纤毛。大核通常是马路形，小核球形或短棒形，在胞口附近有伸缩泡。反口面的周缘，具有后纤毛带，系一列整齐的纤毛组成。在带的上下，各有一列较短的纤毛，叫上缘纤毛和下缘纤毛。有的种类在下缘纤毛之后，还有细致透明的膜，称为缘膜，这些都是车轮虫附者和游动的胞器。反口面凹入处最显著的结构是齿环和辐线环，齿环系由各种不同形状、不同数目的齿体逐个嵌接而成的圆环，每个齿体由齿钩、齿棘和锥部 3 部分组成。在整个齿环的外围，有许多辐射状的辐线，排列成辐线环。

病症：车轮虫病是饲养鱼类很常见的疾病。鱼的体表或鳃被寄生后，能分泌大量的黏液。鱼体消瘦发黑，游动缓慢，呼吸困难。须通过显微镜检查确诊。

危害及流行：车轮虫病流行很广，感染强度大。寄生于各种淡水鱼的苗种和成鱼的体表及鳃，能造成苗种大批死亡。一年四季都可发现，但以 4—8 月份较为流行。虫体利用纤毛在鳃和皮肤上频繁滑动和不断地吸附摩擦而造成损伤，加之还吸取鱼类的组织细胞作为营养，使幼鱼消瘦，直至死亡。此病一般在面积小、水浅、放养密度大，又经常施放大草和粪肥，水质比较脏的池塘里发生。湖泊和水库、河流等大面积水体则很少出现。

防治方法：同斜管虫病。另外，每亩水深1米，用苦楝树枝叶30千克煮水全池遍洒，也有较好的效果。

（八）指环虫病

病原：为指环虫。其种类很多，寄生在饲养鱼类鳃上的有页形指环虫、鳙指环虫、鲢指环虫和坏鳃指环虫等。虫体扁平，体长0.3~1.5毫米，活动时呈蛭状运动。前端有4个突起（头器），能分泌黏液，起固着和运动作用。头部背面有4颗具有感光功能的黑色眼点，呈方形排列。身体的后端扩展为圆盘状的固着盘，其上有1对中央大钩（锚钩）和7对边缘小钩。中央大钩之间有1~2根联结片。指环虫为雌雄同体，卵生，卵大、数少。成虫在鱼鳃上产卵，卵产出后附在鳃上或落在水中，在水温适宜时，短期内即可孵出纤毛幼虫，纤毛幼虫在水中经过一段的自由生活，不需经过中间宿主，遇到适合的鱼类就附着在鳃上发育为成虫。

病症：由于虫体寄生，病鱼的鳃部黏液增多，鳃丝部分或全部呈苍白色，呼吸困难，鳃部显著浮肿（特别是鳙更为明显），鳃盖张开，病鱼游动缓慢，不吃食，鱼体瘦弱。诊断此病时，要观察鳃上指环虫的数量，当每片鳃上有50个左右的虫体，或在低倍显微镜下每个视野有5~10个虫体时，就可确定是指环虫病。

危害及流行：这类寄生虫能吸食鱼类鳃上的黏液、表皮组织和血液。利用头器和后固器上的大小钩子，不断地在鳃上作尺蠖式的爬行，破坏组织，刺激鳃分泌过多的黏液而妨碍正常呼吸。并可引起其他病菌的侵入，大量寄生时，可使苗种大批死亡。主要为害鲢、鳙及草鱼，是一种常见多发病，全国各地养殖场都可发生。指环虫适宜繁殖温度为20~25℃，春末夏初最易发病。

防治方法：鱼种放养前，用20毫克/千克高锰酸钾溶液浸洗，发病池用0.2~0.5毫克/千克晶体美曲膦酯全池遍洒；也可用晶体美曲膦酯与碳酸钠合剂（比例为1∶0.6）0.1~0.24毫克/千克全池遍洒。

（九）三代虫病

病原：为三代虫。在饲养鱼类中常见的有鲩三代虫、鲢三连虫、秀丽三代虫等，虫体的形态和大小与指环虫很相似。但头器仅有1对，后固者器呈伞状，一对中央大钩、

8 对边缘小钩。三代虫也是雌雄同体，在每一个成虫的身体中部可以看见一个椭圆形的胎儿。同时，在这个胎儿体内，又孕育着下一代的胎儿，所以称它为三代虫。

病症：鱼体被大量寄生时，体表有一层灰白色的黏液，失去鲜艳的色泽，游动极不正常，食欲减退，鱼体消瘦。低倍显微镜检查，每个视野 5～10 个虫体时，就可能引起苗种的死亡。

危害及流行：三代虫在饲养鱼类的苗种和成鱼的体表或鳃都可发现，主要为害苗种，金鱼也常受其害。网箱饲养的杂交鲤，每年 3—6 月此病大量发生。在我国各养殖地区均有发现，以湖北、广东等省最为严重，三代虫繁殖适宜水温为 20℃左右。流行于春季和初夏。

防治方法：同指环虫病。

（十）侧殖吸虫病

病原：为日本侧殖吸虫，虫体扁平，略呈纺锤形，体长 0.5～1.3 毫米，体表披有小棘。口吸盘圆形，位于亚前端，身体中部有 1 个腹吸盘。口吸盘下方为咽和食道，接着分成 2 根肠管。精巢和卵巢各一，精巢位于卵巢之后。成熟的虫体子宫内充满虫卵，子宫和输精管最后均通入 1 个位于腹吸盘旁边的阴袋中，并分别开口通出体外。成熟的虫体在鱼的肠道内排卵，卵随鱼的粪便排入水中，发育为毛蚴，毛蚴钻入湖螺、田螺体内发育成雷蚴、尾蚴和囊蚴，当螺蛳被鱼（终末宿主）吞食后，便发育为成虫。由于侧殖吸虫的尾蚴能从螺蛳体内爬到触须上，小鱼苗看见爬动的尾蚴，将其吞食，尾蚴在鱼苗肠内不经过囊蚴而发育为成虫。

病症：患病鱼闭口不食，体黑，游动无力，群集于池塘的下风面。解剖病鱼可见肠道内被芝麻粒状的虫体充塞。

危害及流行：该虫可大量寄生于青鱼、鲤、鲫及鲈等大鱼的肠中，一般不显病症，若寄生于饲养鱼类苗种肠道中，就会引起死亡。在我国各养鱼地区每年 6—10 月均可发生，乌江流域中下游一带广为流行。

防治方法：彻底清除鱼苗培育池中的螺类。

（十一）双穴吸虫病

病原：为复口吸虫的幼虫尾蚴和囊蚴。尾蚴：虫体分体部和尾部，体部前端为头器，下方有咽，接下分成 2 根封闭肠管，体部中央有 1 个腹吸盘，末端还有 1 个排泄囊。尾部分尾干和尾叉两部分。囊蚴：虫体分前后两部分，透明、扁平卵圆形，大小为 0.4 ~ 0.5 毫米。口吸盘在身体前端，两侧各有 1 个侧器官。口吸盘下方为咽、食道，接着分为 2 根末端封闭的肠管，伸到体的后端。腹吸盘在腹面稍后，其下方有一椭圆形的黏附器。活体时在其后端可以看到 1 个发亮的菱形或 "V" 形的排泄囊。虫体中还有许多呈颗粒状和发亮的石灰质体。

该虫有复杂的生活史，成虫寄生在鸥鸟的肠道中，虫卵随同鸟的粪便排入水中，经 3 周左右，孵出毛蚴，然后侵入第一中间宿主椎实螺体内发育成胞蚴和尾蚴，尾蚴很快逸出螺体至水中，呈间歇运动，时沉时浮，如碰到鱼（第二中间宿主），即叮在鱼体上，脱去尾部，钻入鱼体，通过神经或循环系统至鱼的水晶体内发育为囊蚴，带有囊蚴的病鱼被鸥鸟（终末宿主）吞食后，囊蚴在鸥鸟肠道中发育为成虫。

病症：此病主要引起鱼类苗种阶段急剧而大量的死亡。当鱼被尾蚴感染后，在水中上下往返，不安地游泳，或头部向下，尾部朝上，在水面旋转。严重感染时，鱼的脑部充血或身体出现弯曲，很快便会大量死亡。如果尾蚴侵入数量不多，而且是断续地感染，苗种不会立即死亡，随着鱼体的生长，尾蚴在鱼的水晶体内发育为囊蚴，此时水晶体浑浊呈乳白色，严重时，引起瞎眼或水晶体脱落。这就是所称的"白内障病"。

危害及流行：除饲养鱼类的苗种和成鱼可患此病外，很多种淡水鱼都会被感染，但主要是为害苗种，发病及死亡率都很高。该病在我国分布广，尤以乌江流域一带特别是湖区养殖场更为流行。流行于 5—8 月份，8 月之后一般是"白内障"症状。

防治方法：该病病原侵入、转移途径及寄生部位均较特殊，药物很难起作用，复口吸虫病发生的必要条件是鱼池上空有鸥鸟，池内有大量的椎实螺。因此，目前只能从切断复口吸虫生活史的某一环节着手，如驱除鸥鸟或用生石灰或茶饼清塘消灭虫卵、幼虫和椎实螺，以达到预防目的。发病池可用 0.7 毫克/千克硫酸铜重复两次（要隔 1 天）全池遍洒，杀灭幼虫和椎实螺。亦可在池中分散放入水草把，待椎实螺爬上草把后，捞起深埋，这样反复数次。可以诱捕消灭大部分椎实螺。

（十二）血居吸虫病

病原：为血居吸虫。国内已发现许多种，如有刺血居吸虫、龙江血居吸虫、鲂血居吸虫等。活体为乳白色，扁平状。长 1 ~ 1.2 毫米，虫体两侧有规则地排列着很粗的体刺，没有吸盘。口在吻突的前端，接下为咽、食道和 1 个梨形或 4 叶的盲肠。精巢 8 ~ 22 对（有的种为 10 对，有的为 8 ~ 15 对），对称排列于肠和卵巢之间，占据身体中部。卵巢呈蝴蝶状，位于精巢之后，雌雄生殖孔都开口在虫体后端，排泄囊呈"Y"形。该虫寄生在鱼类的循环系统内，虫卵一般在鱼类鳃血管内孵化成毛蚴。毛蚴钻出落入水中进入白旋螺体内，发育成胞蚴和尾蚴。尾蚴逸出螺体，在水中遇到合适的寄主钻入体内，在循环系统内发育为成虫。

病症：少量寄生时，病症不明显，当感染虫体数量较多时，虫卵堆积鳃血管，引起血管堵塞，甚至破裂和坏死，造成鱼类呼吸困难。有时虫卵堵塞肾脏血管，使肾脏排泄机能失调，造成竖鳞和水肿现象，诊断此病，应镜检鳃、肾等血管是否有虫卵及虫体。

危害及流行：这种病往往不太引人注意，根据一些资料介绍，此病一旦发生，对苗种的危害是严重的，福建省于1965年和1974年发生两起，死鲢苗70万尾。此病主要出现于夏初、苗种饲养阶段，青鱼、草鱼、鲢、鲤、鲫、团头鲂等均可感染，以草鱼、鲢、鳙、团头鲂较为普遍。

防治方法：彻底清塘和消灭池塘中的螺类。

（十三）九江头槽绦虫病

病原：为九江头槽绦虫。成虫身体为扁平带状，活体时乳白色半透明，体长20 ~ 230毫米，宽0.53 ~ 1.17毫米。整个身体分头节、颈节和体节，头节呈心脏形，有一个明显的顶端盘，侧面有2个深的吸沟，具吸附功能。颈节不甚明显。体节是由许多节片组成，每个节片内部有一套雌雄性生殖器官，节片分未成熟节片、成熟节片和妊娠节片。越往后的节片越成熟。虫体没有消化器官。

成虫寄生在小草鱼的肠道内，虫卵随同鱼的粪便排入水中，在水温28 ~ 30℃时，3 ~ 5天可孵化成钩球蚴，它被中间宿主大型剑水蚤吞食后，穿过其消化道到达体腔，发育成原尾蚴。感染有原尾蚴的剑水蚤被小草鱼吞食，原尾蚴在草鱼肠内发育为裂头蚴，此时身体不分节，在夏天经11天开始长出节片，发育为成虫。在水温28 ~ 29℃，裂头蚴经21 ~ 23天达性成熟，即开始产卵。

病症：该虫用头节上的吸沟吸附在草鱼肠壁上，数量多时，前肠肿大成胃囊状，并出现炎症，由于虫体寄生，造成肠道堵塞，病鱼腹部膨大，食欲减少，身体瘦弱，鱼体发黑，离群独游，口常张开。

危害及流行：此病原是两广的地方性鱼病，由于苗种交往，现已传播到不少地区，如贵州、湖北、福建、河南以及东北等地都有报道。草鱼、青鱼、鲢、鳙、鲮的肠内都有寄生，但以草鱼最普遍。小草鱼在每年5—6月育苗初期即开始感染，短期内可发展到严重阶段。对越冬鱼种为害最大，1987年春湖北省武汉市汉阳区四新农场小草鱼发生该病而造成大批死亡。鱼体超过10厘米后感染率明显下降。2龄以上的草鱼仅偶然发现少数头节和不成熟的个体，这与草鱼不同发育阶段摄食对象不同有关。

防治方法：用生石灰或漂白粉清塘，杀灭虫卵和剑水蚤。发病池全池泼洒0.2~0.5毫克/千克晶体美曲膦酯，杀灭中间宿主剑水蚤，同时用晶体美曲膦酯50克与面粉500克混合制成药面投喂，投药前要停食1天，然后连喂3~6天。

（十四）舌型绦虫病

病原：是舌型绦虫和双线绦虫的幼虫—裂头蚴。虫体肉质肥厚，呈白色长带状，身体没有明显的分节，称"面条虫"。舌型绦虫的裂头蚴，在背腹面中线上各有一条凹陷的纵槽；双线绦虫的裂头蚴，在背腹面各有两条平行纵槽，腹面还有一条中线。成虫寄生在鸥鸟的肠道中，虫卵随鸟的粪便排入水中，在水中孵出钩球蚴，被剑水蚤或镖水蚤吞食后，在其体腔内发育为原尾蚴，鱼吞食带有原尾蚴的水蚤后，原尾蚴穿过肠壁到达体腔后发育成裂头蚴，病鱼被鸥鸟吞食，裂头蚴在鸥鸟肠内发育为成虫并产卵。

病症：裂头蚴寄生于鱼的体腔内，病鱼外观腹部膨大，常在水面缓慢游动。打开鱼腹，可见体腔中充满大量白色带状交叉在一起的虫。严重感染时，虫体可挤破鱼腹，直接造成病鱼死亡。

危害及流行：该虫可寄生于鲫、鲤、鳊、鲅、餐条、鲢、鳙等多种淡水鱼的体腔。由于它的寄生，鱼类内部器官受压逐渐萎缩，正常生理机能受到破坏，引起生长停滞，鱼体消瘦等。该病地理分布广，特别是一些大型水面，尤以水库饲养的鱼类日渐严重。

防治方法：目前尚无好的治疗方法。可采取切断生活史的方法进行预防。

（十五）毛细线虫病

病原：为毛细线虫。肉眼看虫体白色透明，像棉花纤维，头端尖细，向后逐渐变粗，尾端钝圆形。口端位，食道细长，由许多单行排列的食道细胞组成。雌雄异体，雌虫体长6.2~7.6毫米，食道与肠管长度的比例为1∶1.7。体内有生殖器官一套，子宫较粗大，成熟虫体子宫内充满虫卵；雄虫体长4~6毫米，食道部分稍长于肠管，生殖器官为一条长管，末端有一根细长的交合刺。卵生，虫卵随鱼类粪便排入水中，水温28~32℃，经6~7天发育为幼虫，幼虫通常不出卵壳，可能是被鱼吞食之后而感染的。

病症：毛细线虫以头端钻入鱼类肠壁黏膜层，破坏肠组织，可引起炎症，鱼体消瘦，少量寄生，无明显症状。

危害及流行：该虫寄生在青鱼、草鱼、鲢、鳙、鲮、黄鳝等鱼的肠道。在广东地区夏花草鱼和鲮鱼常患此病。在草鱼又常与九江头槽绦虫并发。湖北省汉川县仙女垸养殖场所养青鱼鱼种，曾因患此病造成数 10 万尾的死亡。

防治方法：用生石灰清塘消毒，可杀灭虫卵。发病池用晶体美曲膦酯按 10 千克鱼用 2～3 克，拌入豆饼粉 300 克，做成药饵投喂，连用 6 天。也可按每 50 千克鱼用贯仲 160 克、土荆芥 50 克、苏梗 30 克、苦楝树皮 50 克，将药物称出后加入总药量 3 倍的水，煎至原加水量的 1/2 时，倒出药汁，再按上法煎第二次，将先后两次药汁与豆饼混合，做成药饵投喂，连喂 6 天，可杀死毛细线虫。

（十六）鲤嗜子宫线虫病

病原：鲤嗜子宫线虫。雌虫血红色，所以也称红线虫体长 10～13.5 厘米，身体细长，呈圆筒形，两端稍细，体表分布着排列不规则、且透明的乳突。食道较长，前端膨大成肌肉球，食道由肌肉和腺体混合组成。肠管细长，成熟虫体卵巢甚小，体内大部分为粗大的子宫所占，子宫内充满着卵和幼虫，雄虫细如发丝，体表光滑，透明无色，体长仅 3.5～4.1 毫米，虫体后端可见到两根交合刺。

雄虫寄生在鳞片下，胎生。成熟的雌虫钻出鳞片，将身体泡在水中，由于渗透压的关系，虫体吸水胀破，身体内的幼虫就散放水中，被中间宿主剑水蚤或镖水蚤吞食后在体腔中发育，鲤鱼吞食带幼虫的水蚤而感染，幼虫从鱼的消化道进到腹腔中继续发育为成虫。雌虫和雄虫可能在鳔上交配。雌虫通过血液循环移到鳞下发育成熟；雄虫则始终在鱼的鳔和腹腔内。

病症：雌虫寄生于鲤鱼鳞片下呈现出紫红色不规则的花纹。由于它的寄生常使鳞片竖起，加上虫体不断活动，易伤害皮肤，引起皮肤、肌肉发炎甚至溃疡，往往还引起水霉菌的寄生。

危害及流行：主要为害 2 龄以上的鲤鱼，产卵亲鲤常因此病而死亡。湖北省京山县高关水库，库中鲤鱼感染率很高。该虫在乌江流域一带，冬季就移居鳞片下，那时虫体较小，不易发现。春季水温上升，虫体生长加速，病症就很明显，6 月份以后，母体完成繁殖而死亡。因此，在夏秋两季，在鳞片下找不到病原体。

防治方法：以生石灰清塘杀死幼虫。以医用碘酒或 1% 高锰酸钾溶液涂擦病鱼患处，或以 2% 食盐水溶液浸洗 10～20 分钟。

（十七）鳗居线虫病

病原：为球状鳗居线虫。成虫呈圆筒形，带灰褐色，头部呈圆球状，口简单，没有唇片，食道前端 1/3 处膨大，呈葱球状，后 2/3 呈圆筒形，由肌肉和腺体构成，肠管粗大呈棕色或黑色。成虫没有直肠和肛门，最特殊的是，成虫尾部有 4 个卵圆形腺细胞，其中 3 个较大，1 个很小。雌雄异体，雌虫约 44 毫米。成熟的雌虫在鳔内产出大量的幼虫，幼虫外包一层透明薄膜，体长 0.2 ~ 0.36 毫米，尾部细长。幼虫通过鳗的鳔管到消化道，与寄主的粪便一起被排到水中。幼虫不能自由游泳，沉入水体底部，以尾尖附者在固体上，进行有规则的间歇性盘曲运动。被桡足类（中间宿主）吞食后，幼虫穿过中间宿主的消化道而进入体腔。河鳗吞食带有幼虫的桡足类而被感染。

病症：成虫寄生在鳗鲡的鳔里，吸食鳗血，使鳔壁充血发炎。少量寄生时不显病症。寄生数量达 15 条以上时，鳔腔显著增大，以致腹部坚硬呈块状膨大。病鱼不摄食，背部发黑，感觉迟钝，皮肤充血，肛门外突，鳗体极度消瘦。

危害及流行：该虫主要为害 2 龄鳗鲡，感染率很高，常常造成鳗鲡大量死亡。此病在江苏、浙江、福建等地区的养鲡场广为流行。一年四季都可发生，但引起鳗鲡死亡的季节，一般是夏季到初秋。

防治方法：在发病季节每半月以 0.2 ~ 0.4 毫克/千克晶体美曲膦酯，全池遍洒 1 次，杀灭幼虫和桡足类。

（十八）棘头虫病

病原：在我国饲养鱼类中，能引起疾病的主要有乌苏里似棘头吻虫、鲤长棘吻虫及崇明长棘吻虫等。这类虫体通常呈圆形或纺锤形，身体分吻、颈和躯干 3 部分。吻位于身体前端，能伸缩，是这类蠕虫特有的构造。吻上有吻钩，其数目及排列方式，是分类上的重要依据之一。颈很短。躯干较粗大，体表光滑或有体刺，体壁由角质层、真皮层和肌肉层组成。体壁的中间为假体腔，所有内部器官都在假体腔内。吻鞘位于假体腔前部；在吻鞘旁边有两条长度相等或不等的吻腺，没有消化道，借体表渗透作用来吸收寄主的营养。雌雄异体，通常雌虫大于雄虫。棘头虫的生活史，要通过中间宿主。中间宿主通常是软体动物、甲壳类或昆虫。成熟的卵随终末宿主的粪便排出，被中间宿主吞食后，卵中的胚胎幼虫出膜，继续发育，经过棘头蚴、前棘头体和棘头体 3 个阶段。带有棘头体的中间宿主被终末宿主（鱼类、两栖类、鸟类、哺乳动物）吞食后，在肠内发育为成虫。

病症：棘头虫寄生鱼类肠道里，以吻部钻进肠黏膜层，吸取鱼类营养，破坏肠壁，引起发炎。寄生数量多时肠管被堵塞，甚至可造成肠穿孔。外观病鱼前腹部膨大，体色发黑，离群独游。

危害及流行：主要为害鲤和夏花草鱼，如在湖北沙市所发现乌苏里似棘头吻虫使夏花草鱼发生死亡，感染率达 80%。上海水产大学 1985—1987 年在上海崇明发现崇明长棘吻虫，寄生于夏花鲤鱼及成鱼肠中，感染率 70% ~ 100%，死亡率高达 60%。寄生在黄鳝肠中隐藏新棘虫，其感染率高达 90% 以上，有时一条黄鳝感染可达 200 多个虫体。

防治方法：乌江水产研究所在治疗草鱼似棘头吻虫病时，采用 0.7 毫克/千克晶体美曲膦酯，全池遍洒，同时将 0.5 千克晶体美曲膦酯混于 17.5 千克麸皮内投喂，第 2 至第 5 天继续用 0.5 千克晶体美曲膦酯与 15 千克麸皮混合投喂，效果较好。上海水产大学在治疗崇明长棘吻虫病时，采用四氯化碳拌饵投喂的方法，每千克鱼每天投喂 0.6 毫升四氯化碳的药饵，连服 6 天，可以治愈。

（十九）尺蠖鱼蛭病

病原：为尺蠖鱼蛭，虫体长圆筒形、后端扩大，背腹稍扁。体长 2 ~ 5 厘米。身体由 32 个体节组成，前面 2 节合并为前吸盘，最后 7 节合并为后吸盘。前吸盘背面有 2 对眼点，后吸盘背面有 10 对眼点和 10 条黑色的辐射条纹，虫体的体色常随寄主皮肤的颜色而变化，一般为褐绿色。雌雄同体，异体或自体受精，鱼蛭将卵产在黄褐色的茧内，茧附着在水体内的各种物体上，从卵里孵出来即为鱼蛭。

病症：虫体寄生在鱼类体表，肉眼可见。由于鱼蛭在鱼之体表作尺蠖式爬行和吸血，鱼表现不安，常跃出水面，被破坏的体表呈血性溃疡、坏死。鳃被侵袭时，病鱼呼吸困难，病鱼消瘦，生长缓慢，以致死亡。鱼蛭又是锥体虫病及一些传染性鱼病的传播者。

危害及流行：主要为害鲤、鲫等底层的鲤科鱼类，在我国、俄罗斯、日本均有发生，但只要做好预防工作，就不会大量发生。

防治方法：可采用 2.5% 食盐水浸洗鱼体。

（二十）中华鳋病

病原：常见的种类有大中华鳋，鲢中华鳋和鲤中华鳋。中华鳋的身体分头、胸、腹 3 部分，分节明显。中华鳋头部有 5 对附肢，即第一、第二对触角和大颚及 2 对小颚。雄性第二对触角特别强大，由 5 节组成，末端 1 节为锐利的爪，用以钩住鱼的鳃组织。

1 对大颚和 2 对小颚加上上唇和下唇组成口器，胸部除生殖节外，每 1 胸节腹面都有 1 对游泳足。常见的几种中华鳋的雌性，一般体长在 2.5 毫米左右。

生活史：从卵孵化到成虫要经过 5 期无节幼体期和 5 期桡足幼体期，每期演变都要靠脱皮来完成。到第五桡足幼体时，雌、雄的性腺均成熟，在水中交配交配以后，雌性寻找合适鱼类寄生，身体骤长数倍，雄性则终身自由生活，保持剑水蚤的体型，比雌性小很多。

病症：第二触角钩在鱼类鳃上，掀开鳃益就可以看到虫体。因长期钩在鳃丝上，造成很多伤口，影响鱼的正常呼吸，同时这些伤口最易被微生物侵入，而引起鳃丝末端发炎、肿胀、发白。鳋摄食时，分泌 1 种酶，能溶解鱼类鳃组织，进行肠外消化，使得鳃丝末端弯曲、变形。鲢中华鳋还可引起患病的鲢鱼（主要是 2 龄以上）整天在水表层打转或狂游，鱼的尾鳍上叶经常露出水面，故也有"翘尾巴病"之称。

危害及流行：中华鳋寄生鱼类有一定的选择性，大中华鳋主要寄生于 2 龄以上的草鱼、青鱼鳃丝末端内侧；鲢中华鳋主要寄生于 1 龄以上鲢、鳙的鳃丝末端内侧和鲢的鳃耙。鲤中华鳋寄生于鲤、鲫的鳃丝末端内侧。严重时均可引起鱼类死亡。全国各地养殖场都有发生，在乌江流域一带，每年 4 月至 11 月是中华鳋的繁殖季节。以 5 月下旬至 9 月上旬发病最盛。

防治方法：彻底清塘消毒。发病池用硫酸铜和硫酸亚铁合剂（5：2）0.7 毫克/千克进行全池遍洒；也可用晶体美曲膦酯和硫酸亚铁合剂（两者比例 0.5：2）0.25 毫克/千克进行全池遍洒。

（二十一）锚头鳋病

病原：为锚头鳋。常见的有多态锚头鳋寄生于鲢、鳙的体表及口腔；鲤锚头鳋寄生于鲤、鲫、鲢、鳙等鱼的体表、鳍及眼上；鲩锚头鳋寄生于草鱼体表。锚头鳋也是雌性成虫寄生，雄性成虫营自由生活。雌性身体细如针，体长 6.6 ~ 12.4 毫米，身体也分头、胸、腹 3 部分。头部由头节和第一胸节愈合而成的头胸部，其顶端中央有 1 个半圆形的头叶，在头叶中央有 1 个由 3 个小眼组成的中眼，头叶腹面着生触肢和口器。触肢有第一、第二两对。口器由 1 对大颚、小颚和颚足，连同上、下唇组成。鲩锚头鳋在寄生时，头部长出背、腹角，角的形式和数目因种类而异。胸部与头胸部没有明显的界限，一般自第一游泳足之后，到排卵孔之前为胸部，其前端细，向后逐渐粗大，五对游泳足均为双肢型，在生殖季节，生殖孔口挂有一对细长的卵囊，腹部短小，也不分节，末端有一对细小的尾叉和长短刚毛数根。

生活史：锚头鳋的卵孵化为成虫也要经过 5 期无节幼体和 5 期桡足幼体，每期的演变都要经过脱皮。至第五桡足幼体时分化为雌、雄，雄交配后，雄性回到水中，很快死去。雌性则从口中分泌 1 种涎液，溶解鱼类表皮组织，借此将头部钻入组织内，开始寄生生活。当寄生到鱼体之后，根据虫体不同发育阶段可分为童虫、壮虫和老虫 3 种形态，童虫白色透明，很细，无卵囊；壮虫身体透明，可见黑色的肠蠕动和子宫里的卵粒，生殖孔处有 1 对绿色的卵囊，从卵囊里不断孵出幼虫，游入水中；老虫身体浑浊，变软，体表常着生许多原生动物如累枝虫等。无卵囊这时的虫体已接近死亡。锚头鳋在寄主体上究竟能活多长时间，这与水温有密切关系。夏季水温 25 ~ 37℃时，只能活 20 天左右，春季和秋季则可活 1 个月或更长一些时间。秋末感染的锚头鳋，大多数在冬季死亡，有少数能在鱼体，上越冬，至翌年 4 月相继死去，故越冬虫最长只能活 5 ~ 7 个月。

病症：当寄生数量很多时，虫体布满病鱼全身，露在鱼体外的锚头鳋胸腹部，常有原生动物、藻类和霉菌等附生，呈绿色或黄绿色的絮状物。寄生在鲢、鳙等鳞片较小鱼类的皮肤，可引起周围组织发炎红肿，形成石榴籽般的红斑。寄生在草鱼、鲤等鳞片较大鱼类的皮肤上，寄生部位的鳞片被"蛀"成缺口，鳞片色泽较淡，虫体寄生处亦出现充血的红斑。

危害及流行：该虫对寄主有一定的选择性，各龄鱼都可被寄生，尤以苗种受害最大，当有 4 ~ 5 个虫体寄生时，即能引起死亡。成鱼或新鱼感染此病，大批死亡情况较少，但影响生长及繁殖。此病流行很广，尤以广东、广西、福建、湖南、湖北等地区最为严重。在以污水为养鱼的池塘、湖泊发病较为普遍。乌江流域一带每年从 4—11 月为主要发病季节。

防治方法：用生石灰彻底清塘消毒。发病池可用晶体美曲膦酯 0.3 ~ 0.5 毫克/千克的浓度全池遍洒。如果鱼种感染的锚头鳋多为童虫，根据虫体寿命和鱼种病后获得免疫力的原理，可以在半个月内连续施药两次。如果多为"壮虫"，只需施药 1 次；如果多为"老虫"，则可以不用下药。另外也可用 10 ~ 20 毫克/千克高锰酸钾溶液浸洗病鱼。

（二十二）鲺病

病原：是鲺。最常见的有日本鲺、喻氏鲺、大鲺和椭圆尾鲺等。鲺活体时身体透明，虫体大而扁平，一般在 3 ~ 7 毫米。雄性大于雄性。身体由头、胸、腹 3 部构成。头部由头节和胸部第一节愈合而成的马蹄形的背甲，在其腹面边缘生有许多倒刺。头部有复眼一对，中眼一只，背甲腹面有附肢5对，分别为第一、第二触角和大颚、小颚及颚足。口器是由上、下唇及数对几丁质柱支持，加上一对大颚所组成。一对小颚在成虫时变为一对吸盘。另外，还具有一种特殊的结构，两吸盘之间，形如一注射针状的细管（刺），刺外包一鞘，刺在鞘内可以伸缩自如。基部有一堆多颗粒的毒腺细胞，分泌毒液，经输送小管送至口刺的前端。胸部共4节，每节腹面两侧生有游泳足一对，为鲺的主要行动器官，在雄性的第二至第四对游泳足上具有副性器，腹部不分节，为一对扁平长椭圆形的叶片，前部愈合，是鲺的主要呼吸器官，在二叶片中间凹陷处有一对很小的尾叉，上有短刚毛4根。在雄性尾叶内有一对长卵形的精巢，在雌性尾叶内为一对小的黑色圆形的受精囊。雌性每次产卵数10粒至数百粒，直接将卵产在水中的植物、石块、螺蛳壳、竹竿和木桩上。在正常状态下鲺所产的卵排列整齐。平均水温29～31℃时，日本鲺的卵孵化需14天。刚孵出的幼鲺与母体形状大体相似。孵出后的幼鲺即寻找宿主，平均水温23℃左右时，在48小时内找不到宿主，就会死亡。幼鲺蜕皮6～7次后，即达成虫，在水温25～30℃时，需50天。鲺可寄生在鱼体上，又能短期在水中自由游动，故能从一条鱼转移到另一条鱼体上，也能经水流传播到其他水体中。

病症：鲺寄生于鱼的体表和鳃。仔细观察，肉眼可见虫体。另外鲺在寄生时，吸取鱼的血液，在鱼体上不断爬行，加上口刺的刺伤、大颚撕破表皮，致使病鱼呈现极度不安，在池中狂游和跳跃，加上大量分泌黏液，鱼体极度消瘦。

危害及流行：鲺对鱼的种类及年龄无严格的选择，对成鱼主要是妨碍其生长，一般不致死亡，但对鱼种则不然，每尾鱼只要有少数鲺寄生，就能引起死亡。鲺病在我国从北到南都有流行，几乎一年四季都有发生。在乌江流域一带，每年6—8月为流行盛期。

防治方法：放养前用生石灰带水清塘，能杀死鲺的卵、幼虫及成虫。发病池可用晶体美曲膦酯0.3～0.5毫克/千克，全池遍洒。

（二十三）鱼怪病

病原：常见的是日本鱼怪。身体分头、胸、腹3部分。头部小，呈三角形，前端有两对短小的触角，两侧有黑色的腹复眼各1个。胸部由7节组成，宽大而隆起，每1节的腹面都有1对胸足，前3对胸足伸向前方，后4对伸向后方，胸足末端为镰刀状的尖刺。腹部由6节组成，前2节的两侧被前面的胸节遮盖，每1节都有附肢，第六节为尾节，特别长而呈半圆形。成熟的雌虫，腹部怀卵，卵有310～480粒。雌虫体长 14 ~ 24 毫米，雄虫为 10 毫米。

病症：病鱼的胸鳍基部附近，有 1 个像黄豆大小的洞孔。通常均为雌雄一对寄生在内。鱼怪的卵是在雌虫腹部发育为幼虫，然后幼虫钻出洞外，离开母体在水中自由游泳，寻找合适的宿主。找到宿主后就分泌一种物质，溶解鱼类组织而进入体内，此时鱼类也分泌一层薄膜将虫体与体腔隔绝，两个幼虫即长期生活在囊袋中，1 个发自为雄虫，1 个发自成雌虫，虫体长成之后，身体比原来增长数倍，就不能再由原孔钻出鱼体。被鱼怪寄生后的鱼，身体消瘦。生长迟缓，生殖腺和肝脏萎缩，失去繁殖能力。

危害及流行：主要寄生于鲤、鲫、雅罗鱼、麦穗鱼等，流行地区很广，乌江中下游地区和黑龙江，河北、山东、云南等地，均有流行报道，且多见于河流、湖泊、水库等水体。在池塘内目前尚未发现有此病发生。

防治方法：鱼怪的成虫有很强的生命力。且寄生部位特殊，药物难起作用。但在鱼怪生活史中，第二期幼虫是薄弱环节。杀灭鱼怪幼虫的方法：如果是网箱养鱼，可在网箱内悬挂晶体美曲膦酯袋子或遍洒 80% 敌敌畏乳剂，每次用药量按网箱水体积计，每立方米水用晶体美曲膦酯 1.5 克，或用敌敌畏 0.5 克。另外根据鱼怪幼虫有强烈的趋光性，可在湖泊或水库沿岸边 30 厘米的一条狭水带中喷洒 80% 敌敌畏乳剂。每立方米水体用 0.5 毫升，每隔 3 ~ 4 天洒药一次，几年之后，可基本消灭鱼怪。

（二十四）钩介幼虫病

病原：是软体动物瓣鳃纲中的一些蚌类的幼虫—钩介幼虫。虫体有两瓣几丁质壳，每船壳的腹缘中央有一弯向内面的钩，钩上排列着许多小齿。从侧面观察，可见到闭壳肌和 4 对刚毛，体的中央有 1 根细长的足丝。体长 0.26 ~ 0.29 毫米，高 0.29 ~ 0.31 毫米。蚌的受精和发育是在母蚌的外鳃腔里进行，受精卵经过囊胚期、原肠期，才变成钩介幼虫，从受精卵到发育成钩介幼虫，大约要经过秋季和冬季才完成。春末夏初钩介幼虫离开母体漂悬于水中，一经和鱼体接触，则寄生在鱼体上。钩介幼虫在鱼体上寄生时间的长短与水温的高低有关。三角蚌在水温 18 ~ 19℃时，幼虫在鱼体中寄生 16 ~ 18 天：无齿蚌在水温 16 ~ 18℃需 80 天。在寄生期间吸取鱼体营养进行变态，成为幼蚌。然后破囊面沉入水底。营底栖生活。

病症：钩介幼虫用足丝黏附在鱼体，并用钩钩在鱼的吻部、鳃鳍条及体表。鱼体受到刺激，引起寄生部位周围组织发炎、增生，逐渐将幼虫包在里面形成包囊，呈乳白或米黄色。

危害及流行：每年在夏花鱼种饲养阶段，正好是钩介幼虫离开母蚌悬浮于水中的时候，故此时常出现此病。较大的鱼，少量寄生则影响不大，但对鱼苗及 2 ~ 3 厘米的幼鱼，则会产生较大的影响，特别是寄生在嘴部四周和口腔里，使苗种的嘴无法开闭，不能摄食，而引起大量死亡。各种淡水鱼类都可感染。尤以湖滨地区的养殖场，流行最盛。

防治方法：用生石灰彻底清塘，杀灭蚌类。苗种池不要混养河蚌。养蚌的池水不要流入，苗种池。发病初期，将病鱼移到没有河蚌的鱼池，也能使病情得到控制。

三、几种非寄生性鱼病的急救和敌害的驱除

（一）泛池

鱼类和其他动物一样，生活中需要氧气。当水中含氧量减少到一定程度时，鱼类感觉到呼吸困难，就要到水的上层，将口伸出水面吞取空气，这种现象称为"浮头"。如水中含氧量继续减少，鱼类就会大批死亡，甚至会全部死光，这就是所谓泛池。

青鱼、草鱼、鲢、鳙，通常在水中含氧量为 1 毫克 / 升时开始浮头，当水中的含氧量低至 0.4 ~ 0.6 毫克 / 升就会窒息死亡，鲤、鲫的窒息范围在 0.1 ~ 0.4 毫克 / 升。鳊的窒息范围是 0.4 ~ 0.5 毫克 / 升。放养密度高的精养池和亲鱼池，在每年 5—10 月，由于管理不善，泛池可能经常发生。尤其在雷雨前，气压很低，水中溶氧减少，会引起鱼类窒息。又如下短暂雷雨，池水表层温度低，底层高，引起水的对流，使池底腐殖质翻起，加速分解，消耗大量氧气，致使鱼类窒息死亡。

泛池往往发生在黎明前，这是因为水中藻类白天进行光合作用，放出氧气，但在夜晚则相反，藻类呼吸要消耗大量氧气，加上水中腐殖质分解又要消耗氧气，因此，黎明前水中溶氧量为一天中最低的时候，在冬季的越冬池内，鱼类较密集，水表面常结有一层厚冰，池水与空气隔绝，水中的溶解氧不断地被消耗而减少，也易引起鱼类窒息死亡。池塘中如有需氧量较高的鲢、鳙等鱼浮头，且发生在黎明前，说明浮头程度较轻。如果全池鱼在半夜前开始浮头或鱼在池中狂游乱窜，并呈现奄奄一息状态，这表明池水严重缺氧。如管理疏忽，就会引起全部鱼类的死亡。

防治方法：冬季干塘时，适当地将塘底淤泥挑除；掌握鱼类放养密度；投饵应执行"四定"原则，特别在夏秋季节遇天气闷热或雷雨前，应减少投饵量；剩饵及时清除；加强巡塘，发现浮头，立即灌注新水或开动增氧机增氧；越冬池当水表面结有厚冰时，可在冰上打几个洞透进空气等。气泡病在病鱼的肠道中出现气泡或鱼的体表，鳍条、鳃丝上附有较多的气泡，使鱼体浮力增大，沉不下去。

第一种情况是因为池中施放了过多未经发酵的肥料，生肥在池底不断分解，消耗水中氧气，并释放出很多甲烷和硫化氢细小的气泡，鱼苗误当食物吞入肠内，积累一多，鱼体失去下沉的控制力，在水中挣扎，终至力竭而死。这种气泡病通常在初夏水温骤增的情况下容易发生，如不急救，一天内能使鱼苗大批死亡。

第二种情况是由于水中氮的含量与溶氧量达到过饱和而引起的。根据资料报道，如水温在 20 ~ 24℃，1 升水中含氧量达 18.6 ~ 19.73 毫克，便可使鱼发生气泡病；水温 31℃时，水中含氧量达 14.4 毫克 / 升，体长 0.9 ~ 1 厘米的鱼苗会发生气泡病；水中含氧量达 24 毫克 / 升时，体长 1.4 ~ 1.5 厘米的鱼苗会发生气泡病，这种气泡病的病理变化比较复杂，可能是气体通过鳃向血液中扩散，使血液中的气体呈饱和状态，然后气体游离而形成气泡。但这一类的气泡病不大普遍。在环道中孵化的鱼苗及下塘后 1 星期的鱼苗很易发生气泡病；另外在鱼苗运输过程中送气过多，也可能引起气泡病。该病流行夏秋两季，鱼体越小越易发生，随着鱼体长大，病情逐渐减少。

防治方法：不用未经发酵的肥料；发现病情，迅速加注新水或换水，可防止病情恶化；病情轻的鱼能在清水中排出气泡恢复正常。

（二）弯体病

鱼体呈 "S" 形或不规则的弯曲，有时鳃盖凹陷或嘴部上下颚和鳍条等出现畸形。根据病因推测，可能是新开辟的鱼池土壤中含有过量的重金属盐类，刺激鱼的神经和肌肉收缩所致。因为在养鱼较久的旧水体，其土壤中重金属盐类大部已经溶解，含量极微，对鱼影响不大。也可能是由于缺乏某种营养物质（钙和维生素等）而产生的畸形。在分析鱼类发生弯体病时，要考虑诸多因素，如发病池养鱼的历史，或病鱼弯体是否有规律等。如在久养的鱼池只有少数鱼类发生弯体，有可能是鱼体在某一发育阶段受到损伤，也可能是寄生虫侵袭神经系统所致，患本病的鱼，弯体病症则较一致，同时病鱼体上寄生虫种类和数量都很少。在饲养鱼类的鱼种都有该病发生，尤以草鱼、鳙鱼种最易发生。

防治方法：新开的鱼池先养成鱼，1 ~ 2 年后再饲养苗种；加强饲养管理，多投喂富有营养的饲料；患病鱼池，勤换池水，改善水质。

（三）跑马病

由于鱼苗下池后，较长时间阴雨天气，水温低、池中缺乏鱼苗适口的饵料所致，该病常发生于体长 1.7 ~ 2.7 厘米的草鱼、青鱼。它们围绕鱼池边狂游，长时间不停，由于过分消耗体力，以致鱼体消瘦，终于大批死亡。

防治方法：鱼苗不宜放养过密；经常保持池中有草鱼、青鱼的适口饵料；发生跑马病时，可用芦席或竹帘隔断鱼的狂游路线，并沿池边投喂一些豆渣、蚕蛹或米糠等饵料；也可将鱼转移到饵料丰富的池塘内。

（四）萎瘪病

病鱼体色发黑，头大体小，背似刀刃，两侧肋骨显露可数，病鱼往往沿池边迟钝游动。这种病主要是由于放养过密和搭配比例不当，加上投饵不足，长期处于饥饿状态，各类养殖水体内所养的鱼种及成鱼均可发生，尤以鳙最易患此病。

防治方法：根据饵料品种来源及天然饵料种类和生物量，确定各个不同水体放养密度及适当搭配比例。平时要加强饲养管理，投以足够的饵料。越冬前更要将鱼喂好，尽量缩短越冬期停止投饵的时间。

（五）藻类引起的中毒

1. 湖靛

盛夏在鱼池的下风面，常可见一层铜绿色的水花漂浮在水面，仔细观察乃是无数的小颗粒。它是由蓝藻大量繁殖而形成的。这些蓝藻主要是铜绿微囊藻和水花微囊藻。在显微镜下观察，它是由无数球形细胞密集在一起的群体，外面包着一层胶质膜。这种蓝藻含蛋白质较高，由于外面有一层胶膜，鱼吃后大部分不能消化，当这些藻类死后，蛋白质分解产生有毒物质，在水中积累多了，能使鱼类中毒死亡。

微囊藻在水温 28 ~ 32℃和氢离子 pH 值为 8 ~ 9.5 的水中，繁殖最快。为害鱼类主要发生在夏季或初秋。

防治方法：用 0.7 毫克/千克硫酸铜，全池遍洒，能有效地杀灭微囊藻。洒药后要注意池水缺氧，如发现异常，应立即加注新水。

2. 甲藻

甲藻是各种水体中常见的单细胞浮游植物，对鱼类产生危害的有多甲藻属和裸甲藻属中的一些种类。甲藻在细胞中部有一条环绕的横沟，将细胞分为上下两部分，在腹面下部，有与横沟垂直的纵沟。两根鞭毛，一根从横沟伸出，另一根从纵沟伸出体外。

多甲藻为黄褐色，大量繁殖时，在阳光照射下水体呈红棕色，俗称"红水"。裸甲藻为蓝绿色。两种甲藻都喜欢生长在含有机质多、硬度大、呈微碱性的池塘和小型湖泊中，温暖季节常出现。对环境非常敏感，因水温、酸碱度的突然改变，都会大量死亡。甲藻引起鱼类死亡,可能是由于甲藻死后产生的甲藻素使鱼中毒所致。少量的甲藻对鱼类危害不大。

防治方法:甲藻对环境的改变非常敏感,在有大量甲藻的水体中,加注新水或换水,可抑制甲藻的繁殖,甚至促使其死亡。也可用 0.7 毫克/千克硫酸铜遍洒杀灭甲藻。

(六)植物性敌害

1. 青泥苔

它是水棉、双星藻和转板藻等一些丝状绿藻的总称。它们生长在浅水沟和池塘的浅水处,起初像毛发附生在池底,深绿色,随着水温上升,慢慢扩大像绿色的罗网悬张水中,衰老时一团团漂浮在水面,变成黄绿色。一方面由于青泥苔的大量存在,使池水变瘦,浮游生物不能大量繁殖,直接影响鱼类的生长。另一方面,鱼苗和早期夏花鱼种游进青泥苔丛中被困住而造成死亡。

防治方法:用生石灰清塘。在未放养的池塘用草灰撒在青泥苔上,使它得不到阳光而死去。如已放养的池塘可用 0.7 毫克/千克浓度硫酸铜着重泼洒在青泥苔密布处。

2. 水网藻

它是一种绿藻,藻体是由很多长圈筒形细胞相互连接构成的网状体。每一个"网孔"由 5 ~ 6 个细胞连接而成,由于集结的藻体像网袋,所以称它为水网藻。它多生长在含有机质多而不流动的浅水池中,春末夏初常大量繁殖。水网藻在我国分布很广,未经彻底清塘的鱼池,常有发生。用茶粕清塘的鱼池,反因池水变肥而助长水网藻的大量繁殖。由于这样的"罗网"比青泥苔更易缠住鱼苗,因此危害也更为严重。

防治方法:同青泥苔。

(七)动物性敌害

1. 蚌虾

蚌虾又称蚌壳虫,身体有似蚌壳的甲壳两片。常见的有两种,即圆蚌虾和狭蚌虾。圆蚌虾近似圆形,壳长 3.8 ~ 4.5 毫米,高 3.5 ~ 3.9 毫米,半透明,壳面具同心圆生长线 6 ~ 7 条;狭蚌虾为长椭圆形,壳长 9.2 ~ 10.5 毫米,高 5.8 ~ 6.5 毫米,透明,壳面具同心圆生长线 17 ~ 19 条。蚌虾习居浅水泥底池塘、水沟或稻田里,即使是暂时性的水体,它们也能很好地生长和繁殖,大而深的水体中,很少出现。蚌虾是雌雄异体,生殖方式有两性和单性两种,在天然情况下,受精卵必须经过低温阶段才能孵化。经过几次脱皮,便达到后期无节幼体,再经几次蜕皮。甲壳形成而变为成体。从卵孵化,经过幼体变态直到成体性成熟，只需 5 ~ 7 天。单性生殖的卵，在母体卵房里孵化发育，变态过程亦全部在母体内完成。

蚌虾的受精卵能忍受严寒酷暑和干涸等非常不利的条件，而且能随着风尘、水禽或昆虫到处传播，加上它们的发育史很短，在每年 4—6 月常常突然大量出现，翻滚池水，使鱼苗不能正常生活。同时它还会夺取水中养料，使鱼苗营养不足，严重影响鱼苗饲养的成活率。

防治方法：用晶体美曲膦酯 0.1 ~ 0.2 毫克/千克或 2.5% 美曲膦酯粉剂 1 毫克/千克进行全池遍洒，均可杀灭蚌虾。

2. 水生昆虫

（1）水蜈蚣。又名水夹子，是龙虱的幼虫。体形为长圆柱体，具有一对钳状大颚，头部略圆，两侧各具黑色单眼 6 个，触角 4 节，躯干 11 节，前 3 节为胸节，各具足一对，后 8 节为腹节，最后 2 节两侧有毛，末端具尾毛 2 条。幼虫最初灰白色，以后脱皮长大，体色转淡。成长的幼虫在水中自由游泳，时常将尾部倒悬露出水面进行呼吸。它经常用大颚将鱼苗夹死吸食其体液，对鱼苗危害很大，3 厘米以上的夏花鱼种受害较少。

（2）红娘华。又名水蝎子。身体通常为黄褐色，体长 3 厘米左右，头小，复眼一对突出。前足呈镰刀状，腿节膨大，基部有一棘状凸起，跗节一节，适于捕食鱼苗。其余两对足细长，末端有两条约与体长相等的针状呼吸管，体常倒悬，将呼吸管露出水面呼吸。

（3）水斧虫。又名螳蝽、水螳螂。虫体黄褐色，体细长达 4 厘米左右，头小，复眼突出。前足黄色，呈镰刀状。基节很长，腿节略膨大，跗节小。其余两对足细长。尾端的呼吸管和水蜈蚣体长相等，夜间常飞至陆地或转落它池，捕食鱼苗。

（4）田鳖。也称池伯虫，体扁平而大，黄褐色，体长 6.5 厘米，头小呈三角形，复眼大，前足腿节粗大，跗节一节很短，末端有强大的爪，适于捕捉。中足和后足扁平，适于游泳，腹部 6 节，末端有两个短而能自由伸缩的呼吸附属器。田鳖常用前足捕食鱼苗。

（5）水虿。它是蜻蜓目昆虫的幼虫。生活于水底，一般为褐色或稍带绿色。水虿在水中生活 1 年至数年，才能羽化为成虫。其口部有特殊的构造，称为脸壳。脸壳运动自如，用以捕食动物，平时折叠口下，捕食时突然伸出。水虿大体上可分为两类，一类是差翅亚目的幼虫，身体粗短，腹部扁宽肥大，尾端有 3 个小突起，可以缩入肛门里面。这种水虿能捕食鱼苗和其他小动物。另一类是束翅亚目，也叫豆娘亚目的幼虫，身体细长，腹部末端有 3 条叶状的长气管鳃，这类幼虫通常不捕食鱼苗。

（6）松藻虫。也称仰游虫。体长约 1.3 厘米，色暗黄而带黑斑。头短，复眼大。前、中足细长，后足发达，适于游泳。游泳时背面向下，以后足划水而游泳，白天捕食鱼苗，夜间飞出水面，有趋光性。防治方法：用生石灰清塘；晶体美曲膦酯 0.3 ～ 0.5 毫克 / 千克，全池遍洒；在拉网锻炼时，将鱼置于捆箱中，加入 100 ～ 200 克煤油，都可有效地的杀灭水生昆虫。

第六章　乌江流域现代生态渔业创新发展对策

第一节　全面建设现代生态渔业

一、现代渔业的内涵

现代渔业并不是抽象的概念，而是一个具体的事物，它是渔业发展史上的一个重要阶段。在按渔业生产力性质和水平划分的渔业发展史上，现代渔业属于渔业的最新阶段，相对于传统渔业而言的，它是在市场经济条件下，随着我国现代科学技术的进步、国内外水产品市场需求的变化提出来的。现代渔业是一个动态概念，随着我国经济、科技和社会的不断发展而有着不同的内涵与要求。

从目前资料来看，早在 20 世纪 80 年代初，我国渔业经济界就开始了渔业现代化问题的探讨，主要提出了"四化"理论，即渔业现代化，包括渔业科学技术现代化、渔业装备现代化、渔业管理现代化和资源利用合理化。随着时间的推移和我国渔业的发展，很多学者阐述了自己对"现代渔业"的理解。具有代表性的观点主要有以下两种。

（一）强调现代渔业的技术特征

中国水产科学研究院渔业现代化研究课题组认为，"渔业现代化包括渔业资源配置、物资装备、生产技术、产品流通、经济管理和渔村与渔民等现代化"。梁纯毅认为，"现代渔业就是用世界现代先进的科学技术、装备来武装渔业，用渔业机械化、电气化、水利化、化学化、信息化、生物遗传工程等，替代以人力为主的手工劳动方式和传统的投饲方式及捕捞方式，大幅度地提高渔业劳动生产率和商品率"。林学钦认为，"现代渔业是科技先导型渔业。在生产活动中，始终把科学技术摆在第一的位置，不断提高生产手段的高科技含量；采用新技术和现代装备来提高生产效率；生产观念进步，重视环境保护和资源保护，生产的发展主要依靠质的提升而不是量的增长"。赵明森认为，"现代渔业建设是指用现代科学技术和先进装备武装提升传统渔业，用现代管理理念、管理方法经营渔业，不断提升渔业的科技水平，实现增长方式的转变"。

（二）强调现代渔业的产业特征

李健华认为，"现代渔业是相对于传统渔业而言，遵循资源节约、环境友好和可持续发展理念，以现代科学技术和设施装备为支撑，运用先进的生产方式和经营管理手段，形成渔工贸、产加销一体化的产业体系，实现经济、生态和社会效益和谐共生的渔业产业形态"。杨正勇等认为，"现代渔业是相对于传统渔业而言的，是用现代先进的科学技术、装备武装起来的渔业，它通过大力推进渔业区域化、标准化、产业化、工厂化、机械化、加工精深化、市场化、管理现代化和服务社会化，使渔业由传统的产品生产产业转变为与现代工业、服务产业一致的高度商业化的渔业"。张新民认为，"现代渔业就是用现代物质条件装备渔业，用现代科学技术改造渔业，用现代产业体系提升渔业，用现代经营形式推进渔业，用现代发展理念引领渔业，用培养新型渔民发展渔业，实现增长方式的转变，推进渔业区域化、标准化、产业化、工厂化、机械化、加工精深化、市场化、管理现代化和服务社会化水平"。

纵观人类历史，渔业首先是从捕捞或开采水生动植物的生产活动开始的。随着社会分工的细化，渔业内部也随之分化为第一产业（捕捞业和养殖业）、第二产业（渔业工业和建筑业）和第三产业（渔业流通和服务业）。在传统渔业中，经营状态是封闭型的。渔业不仅内部生产经营的各环节相互分割，与外部产业也相互隔离。随着产业之间边界的突破和某种程度相互融合的实现，外部先进的科学技术和生产经营方式不断融入相对落后的渔业，传统渔业开始与外部产业相互融合，逐渐形成一个完善的现代渔业产业体系。

在前人研究的基础上，我们认为现代渔业是传统渔业之后的一个新的发展阶段，它遵循可持续发展理念，以市场需求为导向，以现代渔业技术和装备设施为支撑，以现代产业组织为纽带，逐渐形成一个与其他产业日益融合的多元化和多功能渔业体系。在这个转变过程中，最突出的标志就是渔业产业内部生产环节与其他环节以及渔业与其他相关产业由独立分化趋于交叉和融合。

二、现代渔业的特征

（一）重视资源环境保护

渔业是典型的资源型和环境型产业，水生生物资源和水域生态环境是其发展的物质基础和前提。传统渔业属于生产先导型渔业，在生产过程中由于片面强调发展的速度和数量，采取粗放式、掠夺式的生产方式，忽视污染防治和生态环境保护，造成渔业资源衰退、生态环境恶化等突出问题。近些年，随着可持续发展理念逐渐深入，世界各国在渔业发展中更加注重资源的保护和生态环境的治理，资源节约型、环境友好型渔业正成为全球渔业发展的主流理念。

（二）先进科技广泛应用

这是现代渔业区别于传统渔业的一个显著特征，传统渔业中科研发展滞后于渔业生产，捕捞养殖技术主要依靠经验的积累，而现代渔业是伴随着现代科学技术的发展而发展的。当前渔业正面临着新的技术革命，生物技术和信息技术为主导的科学技术在对传统渔业的改造过程中发挥重要的作用。随着计算机、遥感技术、信息化、自动化、新能源、环保技术、生物技术的发展，现代渔业已成为各种新技术、新材料、新工艺密集应用的行业，现代渔业对科技的依赖程度在不断提高。

（三）功能、目标的多元性

传统渔业的主要功能是为了提供水产品，满足人们对水产类食品的需求。现代渔业的主要功能除此之外，还应该具有生态和文化等功能，如针对湖泊富营养化的问题，开展生态养殖增殖可以促进水域生态环境的改善；将传统渔业资源与人们的旅游、休闲需求相融合，可以增强现代渔业的文化内涵和教育功能，实现社会、经济和生态效益的和谐共赢。

（四）产业体系日趋完善

与传统渔业相比，现代渔业的产业体系日趋扩大，渔业不再仅仅局限于捕捞、养殖生产领域，渔业的产业链条大大延伸，产业体系日趋完善。图 6-1 详细描述了现代渔业体系的构成。

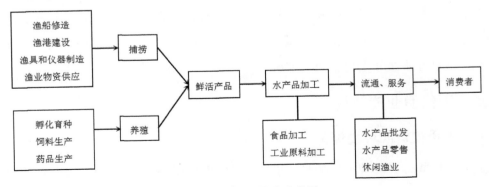

图 6-1　现代渔业产业体系

在这一系统中，传统渔业中最核心的生产环节成为了整个系统的一个环节，即产中环节，具体包括渔业的捕捞和养殖。而渔船修造、渔港建设、渔具和仪器制造、渔业物资供应、育种、饲料生产、药品生产等生产资料投入部门成为渔业的前向产业部门，渔业的产后部门包括水产品加工、流通和服务行业。水产品加工又包括食品加工和工业原料加工两大类，同时水产品流通和服务又主要表现在以下两个方面。

第一个方面是渔业子产业之间互相融合，如运用生态学原理和系统科学方法，把现代科学技术与传统渔业技术相结合，通过生物链重新整合的生态渔业。以现代工程、机电、生物、环保、饲料科学等多学科为基础，以科学的精养技术，实现鱼类全年的稳产高产的设施渔业。

第二个方面是渔业与外部产业的融合。如渔业与旅游业交叉融合而成的休闲渔业。产业之间的交叉融合不断扩大了现代渔业的产业体系。

三、发展现代渔业的意义

渔业现代化的实现过程，简单地说就是由传统型渔业向现代型渔业转变的过程，也就是由经验渔业向科学渔业转变的过程。渔业现代化建设是一个动态的、渐进的、阶段性的发展过程，是随着生产力水平的提高和经济的发展由低级到高级逐步推进的。因此，发展现代渔业具有重要的现实意义。

（一）加快发展现代渔业是提高渔业自主创新能力的需要

传统渔业发展主要靠利用优势资源、外延性扩张以及大批渔业农民劳力的参与，产业的科技水平较低，自主创新能力不强，发展后劲不足。当前，渔业的发展迫切需要增添新的生产要素、新的生产动力。加快发展现代渔业，可以加快科技成果的应用与转化，推进核心技术和关键技术的掌握，提升产业的整体技术水平；可以组建产学研相结合的技术创新体系，增强协同科技攻关能力，增强发展的后劲；可强化种苗、技术、信息、金融以及产品的配送销售服务，可以大幅提高从业人员的技术素质，使科技成果在渔业发展上的贡献进一步提高。

（二）加快发展现代渔业是实施产业化经营，转变增长方式的需要

当前传统渔业仍然以捕捞船主和养殖户经营为主，大规模的企业较少，产销分离，资源利用率低，环境代价大，呈粗放型增长。实践证明，要改变这种状况，实现现代生态渔业产业，必须加快发展现代渔业。现代渔业发展的主要途径有以下几项。

第一项是体制机制的改革创新，将分散的养殖户和捕捞船主组织起来，推进土地水面渔船向经济联合体、合作经济组织或龙头企业转移，扩大生产经营规模。

第二项是培植龙头企业、发展水产品加工、搞好市场建设，推行订单渔业、合同渔业，将渔业纳入理性增长轨道，提高产业的组织化程度。

第三项是提高渔业的科技水平和现代化管理，可以实施专业化生产，社会化服务，精细分工，紧密合作，发展精细渔业，从而形成低投入、低排放、高效益的机制，实现经济增长方式的根本转变。

（三）加快发展现代渔业是广大渔（农）民致富奔小康的需要

渔业作为传统渔区的主要产业，渔业的发展在引导渔（农）民脱贫致富上起了重要作用，一大批渔（农）民通过发展渔业率先脱贫走上了致富。在面对新的形势，渔业如何紧跟新的形势，在引导渔民实现小康进程中发挥更大作用，则是一项新的任务。实践证明，通过加快发展现代渔业，向结构调整要效益，向现代科技取效益，以优质名牌产品向市场争效益，用保护和改善渔业资源与生态环境求效益，建立长效机制，就可以使广大渔（农）民增收，率先实现小康的目的。

（四）加快发展现代渔业是成熟市场经济发展的需要

当前传统渔业仍处于不成熟市场经济发展阶段，产业的计划性、协调性较差，生产第一、市场第二的陈旧观念依然存在；盲目发展、一哄而上、无序竞争的现象十分严重，宏观调控难度相当大。带来的后果是产品的价格波动加大、一些产品的生产与出口大起大落、渔业的比较效益下降、产业的发展受到制约。而通过发展现代渔业，就可以达到观念转变，产业发展模式变新、行业行为规范、宏观调控加强，从而将渔业导入高效发展轨道，提高发展质量，推进现代渔业向成熟市场经济迈进。

四、发展现代渔业必须正确处理好几大关系

（一）正确处理发展渔业与环境保护的关系

既要稳步发展渔业生产，又要保证对渔业环境不造成破坏。发展渔业应与资源环境的承受能力相适应，并充分发挥渔业对环境的净化作用，实现渔业减排功能。渔业在净化环境、减排方面有着积极的作用。鲢鱼、鳙鱼、贝等滤食性的水产养殖动物以及海藻，都是减排效果极好的水产养殖品种，它们能从水中大量带走碳和氮等。所以要加大宣传，充分发挥渔业减排的作用，高绿色环保渔业。把渔业建设成为节能减排、

环境友好的绿色环保产业。养殖区应大力发展贝类、海藻养殖，适当控制并合理布局网箱养殖。内陆水域应大力发展鲢鱼、鳙鱼的养殖和人工放流；规划控制投饵网箱养殖，并合理布局，防止局部水域超容量养殖并在饮用水源性水库全面退出网箱养殖。当然，大量发展鲢鱼、鳙鱼养殖、控制水体富营养化、实现减排是好事，但生产出的鲢鱼、鳙鱼的综合开发利用是个问题。因此要尽可能地对鲢鱼、鳙鱼进行开发利用，并广拓市场，就能使鲢鱼、鳙鱼产业成为个大产业，成为渔业节能减排的绿色产业。

（二）正确处理渔业内部产业结构协调发展的关系

传统渔业局限于第一产业，即养殖业和捕捞业，而忽视了加工和流通等第二、第三产业。近十年的渔业发展经验说明，水产加工业和流通业的发展是渔业产业化的关键，也是现代渔业建设的关键。如小龙虾是鄱阳湖区域的资源性品种，长期以来都维持在几毛钱一斤，但加工厂进来以后，推动了国际、国内两个市场的开发，加工后单价升到四五元钱、甚至十几元一斤，且不愁销路，收购商会上门收购或批量卖给各大加工的收购站即可，养殖户的收入也一下翻了两番以上。大量事实说明，要保持渔业持续健康发展，必须重视水产加工业和流通业。乌江流域渔业发展可以对此模式作参考。

（三）正确处理开拓国际市场和国内市场的关系，不能重外轻内

20世纪90年代初，我国开始发展鳗鱼养殖产业，高价格和高回报刺激了高投入和迅速扩张，短短几年就从几千吨发展到十几万吨，占世界鳗鱼总产量的23%，最高年份达18万～20万吨。但由于品种单一，鳗鱼的主要消费国只有日本，在大幅增产后，尤其是欧洲鳗鲡养殖成功，使得鳗鱼产量大增，价格也随之大跌。同时日本加大了药物残留的检测力度，实行肯定列表制度，提高门槛，使得我国鳗鱼养殖加工业遭受重大损失。而小龙虾则不同，江苏、浙江、上海、安徽等地居民都有食用小龙虾的传统。从进入21世纪后开始开发，加工后出口到欧美市场成为畅销产品。随之湖北、贵州等省也大规模开发，形成乌江流域中下游地区产业中的优势产品。由于从一开始就采用内外并举的开发方针，内外同时畅销，因此小龙虾经济效益和社会效益比较好。所以任何一种产品都要培养和开发多区域多层次的市场，才能保证其稳定持续健康发展。

五、现代渔业的发展模式

现代渔业发展模式很多，要求不一，作用不同，概括起来主要有以下几种。

（一）生态渔业

1. 生态渔业的含义

关于生态渔业的定义，国内研究者的表述不尽相同。李明锋表述为：生态渔业是运用生态学原理和系统科学方法，把现代科技成果与传统渔业技术精华相结合而建立起来的具有生态合理性、经济高效性、功能良性循环的一种现代化渔业体系。陈广城认为，生态渔业是按照生态学和经济学的原理，实现自然调控与人工调控相结合，使养殖的水生生物与其周围的环境因子进行物质良性循环和能量转换，使之达到资源配置的合理性、经济上的高效性，鱼、畜、禽、瓜、果、菜和水稻相得益彰，它是无污染的高效渔业。

虽然对生态渔业的表述不尽相同，但其实质是基本一致的，即生态渔业是作为渔业持续发展的一种战略思想，按照生态经济学原理和系统科学方法，以对生态环境的保护与建设为基础，把自然—社会—经济复合生态系统建立在高效、低耗、和谐和稳定发展的基础上，使渔业协调发展，实现生态、经济的良性循环，从根本上消解长期以来环境与发展之间的尖锐冲突。因此，所谓"生态渔业"其本质含义可理解为生态与经济协调发展的渔业。要实现渔业持续发展，关键是要协调好生态和经济的本质关系，生态与经济协调发展反映着渔业机制的本质关系及其客观规律，而生态渔业作为一种渔业发展模式，是能充分体现渔业机制的本质关系和发展规律的。

2. 发展生态渔业的必要性及可行性

目前，渔业资源面临着巨大危机，资源破坏、环境污染、生态危机等问题日益严重，因此，在开发和利用渔业资源时，既要考虑经济上的合理性，又要考虑渔业生态环境的承载力，需要适时地建构一个高效有序的渔业循环经济体系，以全新的思想理念来指导渔业的可持续发展方向，选择实用而有效的最佳模式或措施来发展渔业，以此实现可持续发展。

生态渔业适合内陆水域的淡水渔业，多样的水域环境为发展生态渔业提供了有利的地理条件。近年来，越来越多的渔业科研工作者们投入到对生态渔业技术的研究中，为在我国广大渔区推广实行生态渔业提供有力的技术支撑。

3. 我国发展生态渔业的原则

生态经济产业的发展原则主要体现为资源消费的 3R 原则，即减量化、再利用、再循环和减少废物优先的原则。减量化原则是指为了达到既定的生产目的或消费目的而在生产全程乃至产品生命周期中减少稀缺或不可再生资源、物质的投入量和减少废弃物的产生量；再利用原则是指资源或产品以初始的形式被多次使用；再循环（资源化）原则是指生产或消费产生的废弃物无害化、资源化、生态化循环利用和生产出来的物品在完成其使用功能后能重新变成可以利用的资源，而不是无用的垃圾；减少废物优先的原则要求将避免废物产生作为经济活动的优先目标。生态渔业作为生态经济产业的一部分，因此，在其发展过程中也应遵循上述原则。

（二）我国发展生态渔业的典型实践方式

由于渔业水域所处的地理条件（沿海或内陆、平原或山区、城郊或乡村）和类型（海洋或内陆的江河、湖泊、水库、池塘等）的不同，其水产资源和其他自然资源水域环境、经济条件以及科技管理水平，也就存在很大的差异，这就决定了发展生态渔业，必须因水制宜。针对我国渔业地域辽阔，各地自然条件、资源基础、经济与社会发展水平差异较大的现状，以多种多样的生态模式和技术类型组合、装配于渔业生产，把渔业与农业、林业、牧业相结合，发挥各自优势，扬长避短，选择实用而有效的模式或措施来发展生态渔业，形成各具特色的生态渔业产业模式。目前，海洋水体的生态渔业增养殖方式有海洋牧场、人工渔礁等形式；池塘水体的生态养殖方式有桑基鱼塘、稻田养鱼等多种模式，下面以海洋牧场和桑基鱼塘为例作简要介绍。

1. 海洋水体的生态渔业增殖方式——海洋牧场

海洋牧场是一种生态型增养殖渔业生产系统，即在某一海域内建设适应水生资源生态的人工生息场。采用增殖放流或移植放流的方法将生物种苗经过中间育成或人工驯化后放流入海，利用自然生产力和微量投饵培育，通过鱼类行动控制技术和环境监测技术对其进行科学管理，使资源量增加，形成有计划、高效率采捕的可持续渔业生产系统。

在海水养殖的实践中，须考虑到上中下水层的综合利用及动植物的结构互补关系。在海水中可分别养殖藻类、贝类、海珍品。上层藻类释放氧气供给中层贝类，并为最下层海珍品提供饵料；中层贝类排放的二氧化碳和排泄物供养上层的藻类，各养殖品种的代谢物在生长过程中相互利用，组成一个完整的"食物链"。这样有利于提高复养指数，净化海水水质。

目前，海洋牧场的一种成功模式是营造"海底森林"。即采取海底投食、裙带菜半人工采苗、海带育苗、保护海底藻类资源等技术在岛礁周围潮间带、潮下带造成海底藻类"森林长廊"。这样，既可以直接为鱼类、海胆、鲍鱼、海参等动物提供充足饵料，由于风浪作用，海藻以碎屑形式进入生态系统，又可以成为贝类等滤食性动物的主要食物来源。海藻栖息地方能形成包括垂直层在内的三维环境，适宜于多种生物栖息。稠密的"海底森林"能抗风浪，使水域形成一个平静水域环境，成为许多生物的"避难所"和"安乐窝"。山东省长岛县近年来大力营造"海底森林"，收到明显成效，凡是藻类丛生的海区，经济贝类、各种海珍品的产量和质量都明显好于其他海区。

2. 池塘水体的生态养殖——桑基鱼塘

桑基鱼塘是比较典型的水陆交换的物质循环生态系统，目前为推广较为普遍的作业类型。该系统由 2 个或 3 个子系统组成，即基面子系统和鱼塘子系统。前者为陆地系统，后者为水生生态系统，两个子系统中均有生产者和消费者。第三个子系统为联系系统，起着联系基面子系统和鱼塘子系统的作用。桑基鱼塘是由基面种桑—桑叶喂蚕—蚕沙养鱼—鱼粪肥塘—塘泥为桑施肥等各个生物链所构成的完整的水陆相互作用的人工生态系统。在这个系统中通过水陆物质交换，使桑、蚕、鱼、菜等各业得到协调发展，桑基鱼塘使资源得到充分利用和保护，整个系统没有废弃物，处于一个良性循环之中。

由此可见，生态渔业的生产模式是按照生态规律利用自然资源和环境容量实现经济活动的生态化转向。与传统的"资源—产品—污染排放"单向流动的线性经济不同，它要求把经济活动组织成一个"资源—产品—再生资源"的物质反复循环流动的过程，使得整个经济系统以及生产和消费的过程基本上不产生或者只产生很少的废弃物，进而从根本上消解长期以来环境与发展之间的尖锐冲突。

3. 休闲渔业

休闲渔业就是利用渔村设备、渔村空间、渔业生产的场地、渔具、渔业产品渔业经营活动、自然生物、渔业自然环境及渔村人文资源，经过规划设计，以发挥渔业与渔村休闲旅游功能，提升旅游品质，并提高渔民收益，促进渔村发展。换句话说休闲渔业就是利用人们的休闲时间、空间来充实渔业的内容和发展空间的产业。休闲渔业是把旅游业、旅游观光、水族观赏等休闲活动与现代渔业方式有机结合起来，实现第一产业与第三产业的结合配置，以提高渔民收入，发展渔区经济为最终目的的一种新型渔业。

4. 设施渔业

设施渔业属于技术密集型与资金密集型相结合的产业，它包括海水深水网箱、淡水湖泊网围、工厂化养殖以及人工鱼礁等。设施渔业具有投入大、占用资源少，科技含量高、设施先进配套，产量较高、效益较好以及有利于渔业资源和生态环境保护等诸多特点。但其投入的风险较大，技术水平要求高，产品市场受到限制。目前我国的设施渔业还处于起步阶段，应积极总结经验，消化吸收国外设施渔业技术，积极、稳妥地加以推进。

5. 栽培渔业

栽培渔业是我国发展现代渔业的又一个重要内容。我国的江、河、湖（泊）、（水）库及海洋等大水面资源丰富，条件优越。根据国际渔业先进国家经验，对这些大水面，采取禁渔、限渔等保护措施，实施人工放流，设置人工鱼礁，改良水生植物，搞好水体绿化，改善鱼虾贝藻类种群结构，保护和改善水体生态环境，大力增殖自然资源，从而建成绿色水产食品和有机水产食品生产基地，提升我国现代渔业及产品的质量与层次。

6. 外向型渔业

外向型渔业是发展现代渔业的一个重要方面。它是以国际市场为导向，以现代科技为动力，以我国渔业优势为基础，采取"走出去、请进来"的发展战略，充分利用两种资源、两种市场。一方面建好国内的水产品加工出口基地，以优质名牌产品不断扩大我国水产品在国际市场上的占有份额；另一方面，经济发展"来料进料"加工，通过加工再出口。我国的外向型渔业还包括远洋渔业。当前，国际水产品市场行情看好，消费呈增长趋势，需求量都在增加。渔业企业应抓住这一机遇，采取有效措施，加大外向型渔业发展力度，全面加以推进，全方位开拓。

7. 水产品加工业

水产品加工业不仅是我国当前加快发展现代渔业的重要内容，还是优化渔业结构、实现产业增殖增效的有效途径。与世界先进国家相比，我国的水产品加工相对滞后，加工量少，精、深加工品种少，大型加工企业少。因而当前应将水产品加工业作为加快发展现代渔业的先导产业，坚持以保鲜、保活和精深加工为方向，认真规划、合理布局、集中力量，以建设几座现代化大型综合加工企业为重点，带动水产品加工业全面发展，实现新的突破，变水产品出口大国为水产品出口强国。

8. 服务渔业

服务渔业包括种苗、良种、技术、金融、饲料、渔药、病害防治、检验检疫以及水产品运销、水产品物流和中介组织建设等，涉及多个领域，它是我国发展现代渔业的重要支撑保障体系，起着重要的作用。在发展现代渔业的过程中，要优先规划发展服务业，做大做强服务渔业，从而为加快发展现代渔业提供强有力的支撑。

第二节 推进生态渔业产业化发展

渔业产业可分为三大产业。第一产业主要包括海洋捕捞业和水产养殖业，海洋捕捞业又分为内陆湖泊捕捞、近海与远洋捕捞；水产养殖业包含淡水养殖与海水养殖，涉及养殖过程中的各种服务。第二产业即水产品加工业，依据不同的地域经济发展水平、当地居民的消费习惯，又分为水产品冷冻、水产品干制、烟熏制加工以及罐头、调味品等行业。第三产业涉及渔业服务大类，包括渔业信息、销售管理、环境、技术引进与示范等方面。本节首先对海洋捕捞业的转型发展、水产养殖业的产业化发展、水产品加工的产业化发展进行了系统探讨，同时对发展休闲渔业进行了探索，最后提出了渔业产业化发展的组织形式和推进策略。

一、海洋捕捞业的转型发展

（一）乌江流域捕捞业发展形势严峻

近年来，随着国际渔业管理新秩序的形成，中日、中韩、中越（南）渔业协定的生效实施，海洋环境污染加剧、捕捞强度居高不下、渔业成本不断提高等内外部环境的变化。而内陆淡水养殖如乌江流域捕捞渔业面临资源衰退、渔业收益下降等前所未有的困难；渔民之间因争夺渔业资源而引发的纠纷事件日益增多，并引发大量一些安全生产事故。可以说，渔业捕捞业已成为矛盾比较突出、问题比较严重的产业之一。具体表现在以下几方面。

1.流域渔业资源日趋衰退

从 20 世纪 60 年代起，经过连续性、高强度的开发，乌江流域渔业资源结构遭受严重破坏，经济鱼类总量日趋衰竭。主要渔获物低龄化、小型化现象日趋严重，资源具有明显的不稳定性。到了 20 世纪 70 年代，捕捞量增加到 15 万吨，但在渔获物结构中，底层、近底层大型经济鱼类除带鱼占有一席之地外，其余的几近绝迹，取而代之的是小型中上层鱼类。至 20 世纪 80 年代中期，产量仍以年均 20% 的速度递增，但渔获物的 60% 以上是小型中上层鱼类。由于多年来捕捞强度大大超过了乌江流域渔业资源的自然再生能力，使再生能力本身就有限的乌江流域渔业资源得不到有效补充，严重破坏了乌江流域渔业资源自然延伸的基础，渔业资源开发一种就灭绝一种的后果，已从渔获物的低劣化显现出来。

2. 流域环境恶化日益严重

随着国家工业化与城市化进程的加快推进，特别是近些年河流经济的快速发展，对流域沿岸生态环境和资源带来严重的影响。尤其是航运、通信等产业的发展，使渔民传统作业渔场大幅度减少，也使作业空间进一步压缩。

3. 流域捕捞效益日趋下降

随着捕捞强度过大与渔业资源衰退之间的矛盾不断激化，流域捕捞效益越来越差，渔民减产减收和增产不增收的现象非常普遍。20世纪90年代以来特别是"十五"期间，大规模发展钢质渔船，资金大部分由渔民自筹。为了发展生产，多数捕捞渔民都把收入甚至是家庭积蓄投入渔船更新改造和设备、网具添置上。由于渔业生产不景气，渔业生产成本居高不下，渔船大幅贬值，许多渔民走入了越捕越亏、越亏越捕的怪圈。而且长期以来，渔区经济结构单一，许多产业都依托渔业，渔业生产的不景气直接影响渔区经济的发展，再加上近年来渔用柴油价格一路飙升，这使得本已举步维艰的捕捞业更是雪上加霜。这些困难和问题是乌江流域渔业产业结构性矛盾长期的积淀。

（二）海洋捕捞业的转型发展模式

1. 经济增长方式由粗放型转向集约型

长期以来，乌江流域捕捞业的发展主要通过增加捕捞量的粗放型经济增长方式来实现，流域沿岸渔业资源可捕量已经达到极限，捕捞业经济增长方式的改变迫在眉睫，由粗放型向集约型转变势在必行。

2. 开发方式由耗竭型转向可持续型

我国长期以来一直以近沿岸捞为主，酷渔滥捕的开发方式严重破坏了流域渔业生态系统，导致渔业资源更新缓慢，有些区域甚至出现"无鱼可捕"的局面。因此，必须降低捕捞量，尝试人工放流，大力发展绿色渔业、栽培渔业等新型方式，保证渔业资源的可持续、健康地发展，促进捕捞由耗竭型向可持续发展型转变。

3. 产业结构由第一产业为主转向二、三产业为主

乌江流域渔业生产以第一产业为主，渔民就业机会很少，应加快产品精深加工和产品市场的发展，大力推进休闲渔业、旅游渔业等渔业二、三产业的发展，拓宽渔民的就业途径。

4. 生产方式由掠夺型转向农牧化

长期以来，乌江流域渔业"重捕轻养"，导致近渔业资源的枯竭，严重阻碍了渔业的可持续发展。在目前形势下，捕捞渔民应"弃捕从养"，注重渔业资源的养护和增殖放流，促进渔业生产方式的"农牧化"，实现河水养殖的产业化。

（三）乌江流域捕捞业的转型发展路径

乌江流域捕捞业转型不仅是对于传统渔业捕捞业的替代，而且是河流经济、社会、生态系统的转型，对于实现流域渔业经济的可持续发展，推动乌江流域渔业经济改革的不断深入具有极其深远的现实意义。因此，乌江流域捕捞业的转型升级已刻不容缓，其转型途径有以下几条。

1. 向渔区流通业转型

渔区流通业是一个由水产品贸易为主的流通体系，加快渔区流通业的发展，重点是要加强水产品批发市场的建设，完善水产品市场体系建设，使一部分转产转业的渔民从捕捞业转向渔业产品批发业。

2. 向渔区旅游业转型

积极发展休闲渔业，以休闲渔业带动乌江流域渔区旅游业。将经济发展较快，交通便利，渔村面貌改观明显的渔区、村镇作为重点旅游开发对象，把旅游观光与河鲜风味品尝结合起来，适应不同层次游客的消费需求，开发各具特色的渔区旅游项目。

3. 向渔区服务业转型

转产转业的捕捞渔民可转向渔区服务业，强化渔区社会化服务，完善渔区社会化服务体系，提供与渔业相关的信息、咨询、科技、培训、仓储、金融、保险、商业等各项服务，争取更多的就业机会。

二、水产养殖业的产业化发展

水产养殖业是一项宏大的工程。到21世纪中叶，中国人口的峰值预计在15亿左右，这同时也对我国的水产养殖业提出了更高的要求，那就是必须加快发展，才能向15亿人口提供优质蛋白质。从这个角度而言，发展水产养殖业意义深远，责任重大。

（一）发展水产养殖业的战略意义

1. 深化渔业增长方式的转变，带动渔业新一轮的发展

经过多年的探索，我国的渔业发展方针已明确由20世纪50年代的"以捕为主"

以及后来的"养捕兼顾"向"以养殖为主"方向发展，使我国水产品生产结构发生了重大变化。在产业结构不断优化过程中，一批重大养殖技术获得突破，产量得到大幅度提高，也促使我国渔业增长向一个正确的方向发展。我国水产养殖的发展不仅改变了中国渔业的增长方式和产业结构，同时也促进了世界渔业生产方式和结构的改变。在新时代、新理念、新技术推动下，绿色、可持续地进一步发展水产养殖业，必将深化渔业增长方式的转变，带动现代水产养殖业新一轮的发展。

2. 减排 CO_2、缓解水域富营养化，促进渔业绿色、低碳发展

近年的研究表明藻类、滤食性贝类、滤食性鱼类以及草食性鱼类等养殖生物具有显著的碳汇功能，它们的养殖活动直接或间接地大量使用了水体中的碳，明显提高了水域生态系统吸收 CO_2 的能力。目前，我国贝类和藻类两大类的养殖量占海水养殖总量的近90%，而淡水养殖中不需投饵的鱼类（以滤食性鱼类为主）的养殖量占养殖总量近一半，这些养殖生物的生产效率和生态效率都很高，在其生长和养殖过程中大量吸收碳、氮、磷元素，实际产生了减缓水域生态系统富营养化进程的重要作用，如在贝藻养殖区少有赤潮灾害发生，而放养滤食性鱼类和草食性鱼类已成为淡水水域减轻富营养化的有效途径之一。乌江流域渔业生态结构的升级，可对此加以借鉴。

3. 生产更多、更好的优质蛋白，满足人们需求，保障国家食物安全

水产养殖是未来渔业发展、产量增长的主要成分已成为不争的事实。我国水产养殖业之所以能够发展这么快，还有一个不能忽视的原因，也是构成中国特色水产养殖的重要因素，即相当一部分养殖种类不需要投放饵料，养殖中滤食性贝类及藻类占87.4%，淡水养殖中滤食性鱼类占41.1%。所以，这种低投入、高效率的特性，必然会使水产养殖在未来食物供给中发挥不可或缺的作用。

目前，水产品已成为重要的食物来源，约占国民动物蛋白供给的30%，而水产养殖产品20%。2030年，当我国人口总量达到峰值时，若按现在人均占有量4千克计，我国水产品的需求量需要增加约1000万吨。另外，随着社会经济发展，生活水平提高人均需求量也会增加，若按人均占有量50千克计，还需要再增加近1000万吨。以上两项合计近2000万吨，那么，这样的新增需求量主要由哪里来提供？由于内陆水域渔业资源严重衰退，渔业捕捞产量在一个较长的时期内不会有大的提高。因此，绿色、可持续地进一步发展水产养殖业，生产更多更好的优质蛋白，满足国家人口增长和社会发展的新需求，保障食物安全，是乌江流域在发展生态渔业中毋庸置疑的选择。

4. 加快生态化水产养殖发展，促进我国渔业科技进步

在绿色、低碳发展新理念的引领下，发展生态系统水平的水产养殖已成为业界的共识。它不仅得到研究者的认可，同时也得到管理者和生产者的赞许，认为这是发展水产养殖生产新模式的必经之路，是建设现代渔业的突破点。推动生态系统水平水产养殖的发展就必然要面对现行养殖方式所存在的问题。现时我国水产养殖中不论淡水养殖还是海水养殖，传统的、粗放式养殖方式在产量中都占绝对优势的现状在10～20年内都不会出现明显变化。那么，要解决上述问题，不仅要探索新的养殖生产模式，还要获取现代化工程技术措施，如大力推进传统养殖方式的标准化、规模化发展，提升现代机械化、自动化技术水平和防灾减灾能力，需要提高设施养殖现代工程装备水平，缩小与发达国家在产出和耗能方面的差距。因此，进一步发展水产养殖业，推动生态系统水平的水产养殖生产新模式的探索和发展，推动工程技术在水产养殖业的应用和发展，使我国水产养殖业的现代发展有个新的高起点，从而促进我国渔业的科技进步。

（二）水产养殖业发展的重点任务

未来10年，围绕绿色、可持续发展，建设现代水产养殖业，着力构建现代水产种业、现代水产养殖生产模式、现代水产养殖装备与设施、现代水产疫病防控和产品质量安全监控、现代水产饲料与加工流通、现代水产养殖科技与支撑、现代水产养殖产业等七大创新发展体系，为实现"高效、优质、生态、健康、安全"水产养殖强国的战略目标奠定坚实基础。

1. 加快建设现代水产种业体系

加快研发优良品种的培育与繁育技术体系。围绕主要养殖种类，集成、创制高效安全的杂种优势应用技术，完善群体改良、家系选育等技术，以及细胞工程育种、转基因育种等新技术。聚合优质、高产、抗逆等性状基因，创造目标性状突出、综合性状优良的育种新材料，培育优质高产新品种以及名贵特优新品种。研究苗种签证和检疫等技术，制订新品种繁育与推广的技术规范，培育一批优质高产动植物新品种，为水产养殖业培育并提供优良品种及抗病抗逆品种（品系），稳步提高我国水产养殖的良种覆盖率和遗传改良率。健全良种培育和苗种繁育产业体系，以先进设施和技术体系为支撑，扩建原、良种场及引育种中心、扩繁中心等，加大名优新品种的引进、试验、示范和推广力度。建设乌江流域特色的水产养殖生物优良品种培育和健康苗种繁育产业。

2. 规划发展现代水产养殖生产模式

制订以容纳量为基础的水产养殖发展规划。按照建设环境友好型水产养殖的要求，以省区为单位，对乌江流域进行养殖水域本底调查，建立养殖水域的容纳量评估制度，做好各类养殖区、不同生产方式和大宗养殖种类的养殖容量、生态容量和环境容量评估的工作，据此，制订水产养殖发展规划，实施区域布局，明确建设功能和重点，发展适应各种养殖区、生产方式和种类的现代水产养殖生产新模式、发展现代水产养殖生产新模式。按照"高效、优质、生态、健康、安全"绿色、可持续发展目标的要求，构建和发展现代水产养殖生产新模式，主要包括以下几项。

（1）多营养层次综合养殖模式。基于容纳量评估，构建由多种不同营养需求的养殖种类组成的养殖系统，发展高效生态养殖模式，如不同结构的立体多营养层次综合养殖模式等，提高综合养殖效益。

（2）池塘生态养殖模式。发展池塘循环水养殖模式，提高产品质量和环境的修复能力。提倡不同营养层次名种类混养，增强生态互补互益效应，提高经济与生态效益。弃用和改造老龄化的池塘，恢复重建湿地生态系统，保护养殖生态环境。

（3）高效工厂化养殖模式。构建高效的工厂化封闭式循环水产养殖系统，优化养殖水体净化工艺，建立养殖水体循环利用的健康养殖技术体系。探讨养殖品种多样化发展模式，提高效益。

3. 着力发展现代水产养殖装备与设施

加快水产养殖装备与设施发展。大力推进传统养殖方式（如内陆池塘养殖）的标准化、规模化提升水产养殖现代机械化、自动化、信息化技术水平和防灾减灾能力。发展适用于综合养殖、生态养殖和健康养殖的养殖装备与设施。大力推进工厂化养殖发展规模，突破工厂化封闭式循环水养殖系统技术，提高设施养殖现代工程装备水平。研究发展现代化养殖网箱、养殖工船和养殖平台等新养殖方式、新材料和工程化技术。

加快节能环保新材料、新装备的研发。研制应用节能降耗的环保型新材料、新装备，集成并创新种苗繁育环境监测与控制技术、免疫与疾病防治技术、养殖质量安全控制技术、养殖废水处理及无害化利用技术、信息化管理技术、节能环保型陆基工厂化高效养殖技术，以及滩涂养殖系统和网箱养殖系统的健康评估与修复技术及其产业化等。加快主要水产养殖病害现场快速检测技术，病毒、细菌和寄生虫病等防治疫苗与应用技术的研发以及专用免疫制剂研制技术及其产业化。

4. 强化现代水产疫病防控和产品质量安全监控

加快疫病防控体系建设。围绕主要水产养殖动物重要疫病的基础调查与研究，构建全国范围的水产养殖动物流行病学数据库和病害相关微生物及寄生虫资源数据库加快完善水产养殖动物防疫体系，加紧对快速检测技术的研发。重点建设水产养殖动物防疫基础设施及疫病参考实验室，完善水生动物疫病监控、水产苗种产地检疫等相关工作机制；建立健全水产养殖动物疫病防控预警体系和鱼用药物安全使用技术体系以及质量监督体系；建立一批现代化、大型水产药物和免疫制剂等的企业集团以及产业示范基地。

进一步强化水产品质量监督与管理。加强水产养殖产品的过程管理，全面推广和实施水产品质量追溯制度与体系。确定合理的追溯单元、明确追溯的责任主体、确保追溯信息的顺利传递与管理。加强水产品疫情疫病和有毒有害物质风险分析，确保进出口水产品进行检验检疫、监督抽查，对水产品生产加工企业根据监管需要和国家相关规定，实施信用管理及分类管理制度。建立水产品安全事故的应急处理与防范体系，积极构建水产品质量安全监管目标责任体系。

5. 积极发展现代水产饲料与加工流通业

加快技术升级，建立现代饲料工业体系。围绕提高质量、降低成本、减少病害、提高饲料效率和降低环境污染等目标，深入研究水生动物的营养生理、代谢机制，特别是微量营养素的功能，为评定营养需要量和配制低成本、低污染、高效实用的饲料以及抗病添加剂和免疫增强剂提供理论依据。

抓好加工流通业，提高市场信息化水平。大力发展水产品加工业，开发出适合工薪阶层和新生代消费者的不同系列产品，推动消费转型，确保水产品拥有合理、稳定的消费群体以及消费量稳定增加。高度重视水产品市场开拓与流通工作，创新营销理念，加快发展现代物流业，扩大产品销售。加快水产品销地批发交易市场和产地专业市场建设，完善市场检验检测和信息网络、电子结算网络等系统。加快建设水产品网上展示购销平台，完善水产品从产地到销区的营销网络。

6. 加快建设现代水产养殖业科技与支撑体系

加快科技创新体系建设。开展揭示水生生命遗传发育基本规律和水域生态规律的基础研究和应用基础研究，开展对水产养殖业未来发展具有引领作用的前瞻性、先导性和探索性重大前沿技术和高新技术研究，开展对水产养殖业竞争力整体提升和生产方式转变具有带动性强的关键、共性技术和集成配套技术研究，开展对水产养殖业发展有重要作用，需要长期稳定支持的基础性工作和公益性研究。

加快产业化支撑体系建设。加快遗传育种中心、良种繁育中心等养殖科技平台和养殖产业化示范基地的建设。促进产、学、研相结合，加快科技成果的转化和应用，开展"渔业科技入户"工程和"新型农民培训"。

7.拓展发展现代水产养殖生产体系

稳步发展主体水产品养殖生产体系。继续以主体养殖种类为重点发展生产，稳定并适当扩大其他常规品种的发展规模，增加市场供应。要采取措施提高养殖装备和技术水平，增加渔（农）民收入。加快发展名特优水产品养殖生产体系，通过市场化运作，加快名特优珍品养殖的发展。采取产品多元化和市场多元化的发展战略，满足不同地区、不同市场、不同品种的多样化消费需求，降低市场风险。

着力发展休闲、观赏水产品养殖生产体系。将水产养殖业引入大众文化生活，加强景观生态学、水族工程学、观赏水族繁殖生态研究，加快发展都市渔业，在大中城市及其周边形成渔业文化市场。开展对本土观赏水族种质资源收集、保护，重要观赏水族新品种的培育，开发各种类型的观赏水族标准化养殖技术，重点发展生态环境优美、交通便利、服务设施配套齐全、安全与卫生等管理规范的休闲渔业基地、度假渔村和渔家乐等。

三、水产品加工的产业化发展

（一）我国水产加工行业的总体发展状况

当前我国渔业及渔业经济发生了巨大变化，水产品人均占有量超过了世界平均水平，"吃鱼难"早已成为历史，渔业生产正持续、快速发展，渔业工作重心由数量增加型向质量效益型转变。水产品加工业取得长足的发展，整体实力明显提高，加工技术水平不断上升，质量卫生意识大大增强，一批龙头加工企业与名牌企业相继涌现。目前已形成了冷冻冷藏、腌熏、罐藏、调味休闲食品、鱼糜制品、鱼粉、鱼油、鱼皮制革及化妆品和工艺品等十多个门类的水产加工品，有的产品生产技术已达到世界先进水平，成为推动我国渔业生产持续发展的重要动力，成为渔业经济的重要组成部分。近年来，虽然我国水产品加工业有了长足的发展，在水产品加工能力、加工企业发展、加工产品的种类和产量和加工技术及装备建设发展成效明显，但与发达国家相比，仍存在有很多不足，主要体现在基础研究薄弱、加工与综合利用率比较低、加工产品品种少附加值低、装备落后、标准体系不健全、产品质量不高等方面。

（二）水产品加工行业的特点

在近 20 年的时间里，全世界的水产总产量一直保持低速持续增长，而中国的水产品产量一直保持着高速增长势头，占世界水产品产量的 35%，位居世界第一位。水产品加工行业主要体现了下列特点。

1. 区域集中度较高

由于资源区域优势及出口带动了水产品加工业的非均衡发展，初步形成某些产品集中加工基地并具有很强的地方特色，推动本地区渔业整体素质的提高。我国的水产品加工企业基本上分布在沿海省份，有接近90%的水产品生产企业都分布在沿海城市，沿海城市的水产品加工水平明显高于内地。这些地区水产加工业得到政府部门的重视，分别制定了优惠政策，加上外资企业的积极介入，迅速成为我国水产加工业的主力军。渔业加工企业布局和区域布局基本以原料产地为依托，实行就地就近加工。山东、辽宁等地以海水产品的深加工见长福建、浙江地区等以加工鳗鱼为主，尤其是浙江的产销比提高较快，由原来全国排位第五跃升为第二，表明其精深加工比例提高较快。优化乌江流域渔业生产结构，也应该向以上地区"取经"，参考以上地区生产经验，结合本地区的资源特色，探索适合乌江流域发展的道路。

2. 所有制形式以私有制为主

我国的水产加工企业大都是个人占大股的私营企业；后来在激烈的市场竞争中，大型加工企业为了更好地稳定市场，利用国家的优惠政策，很多采取与国外经销商合资的方式，但仍然是民营资本控股。私营经济发展过程中，不可避免地具有家族企业的性质，实际控制人在管理中起决定性的作用。

3. 两头在外的加工贸易

我国水产品加工企业的"两头在外"表现在大部分原材料为国外进口冻鱼如马哈鱼、鳕鱼、鳗鱼、鱿鱼等，然后在国内加工后，大部分产品出口到国外。由于国际渔业资源的衰减和配额制度的严格实施，鳕鱼、鲱鱼、大马哈鱼等传统鱼片加工原料供应日益紧缺，导致原料价格持续上涨；下游市场主要集中在日本、美国、欧盟、韩国四大市场，缺乏产品定价权，导致整体行业利润率较低。

4. 贸易壁垒影响深远

近年来，随着经济全球化和贸易自由化进程的加快，关税逐渐降低。但以技术法规、技术标准、认证制度等为主要内容的非关税贸易壁垒凸显出来，成为最普遍、最难以应对的贸易壁垒。技术性贸易壁垒变得更加复杂和隐蔽，现已经成为我国水产品出口面临的第一大非关税贸易壁垒。2001年以来，欧盟对我国动物源性产品进口设限，美、日、韩等国的商家也拼命压价，导致我国水产品出口十分困难。水产业以电子商务的形式出现和电子商务的普及应用是一个必然的发展趋势，但目前国内的水产网站大多数处在起步阶段，尤其是在网络的应用上，中小企业基本处于应付阶段，由于网络普及的差距形成了"数字壁垒"。

5. 精深加工能力不足

与发达国家及我国其他农产品加工现状相比，我国在水产品加工比例、加工程度及劳动力分配等方面都存在很大差距。我国多数水产加工企业仍处于劳动密集型的初级品、半成品加工阶段，设备层次低、产品创新能力不够、附加值低；水产品加工向系列化、多样化和高附加值方向发展，并最终创建自己的品牌，才能真正提高效益和国际竞争力。

（三）我国水产加工行业未来的发展趋势

在全球经济一体化进程加快的今天，国际合作日益广泛，科技创新日新月异，人们在生产和生活方面都提出了更高的要求。水产品加工既能使产品增值，又能满足人们高品质的生活需求。

1. 加工方向

（1）便捷化。先用一些水产品加工鱼浆，再用鱼浆生产出各式各样的鱼糕、鱼脯鱼排或鱼香肠等产品，可供消费者直接食用。既营养丰富又耐储存，携带方便。

（2）模拟化。可将鱼浆制成蟹、虾、贝、鱼翅、鱼子等模拟产品。这种模拟产品无论在居家或饭店餐饮中，一样可以成为有特色的水产方便食品或配菜品。

（3）保健化。以水产品为原料，按照一定的配方，配以适当的药物，用水产品之味，取药物之性能，制成各种水产保健食品。由于其胆固醇含量低，可成为真正的"药膳"。

（4）美容化。绝大部分的鱼子，不但味道鲜美，营养丰富，还富含蛋白质、钙、磷、铁及卵磷脂等元素和矿物质，是国际上流行的美容及保健食品，鱼子的深加工大有可为。

（5）鲜活分割化。水产品经过科学的分割处理后，能保持原有的新鲜口味。如淡水鱼，除提倡就近、就地活销、鲜销外，还可分割制作成冷冻小包装，延长储存时间以方便消费者选购、储藏。

向深加工发展是中国水产品加工业的发展方向。可依靠技术创新提高产品竞争力，水产品要在现有加工技术的基础上，采用新方法、新工艺、新技术，进行技术创新，重点开发具有一定超前性的高技术含量、高附加值的深加工产品，加强水产医疗保健食品、功能食品、方便食品的研究开发和水产废弃物的开发利用。

2. 产品方向

农业农村部制定了《全国农产品加工业与农村一、二、三产业融合发展规划（2016—2020年）》，明确今后的发展目标：培育组织化、标准化、品牌化、优质化、信息化水产品产业链；开展传统水产品加工产业的升级改造；开发标准配方预制食品、预包装食品、方便食品、休闲食品、功能性食品等现代水产食品，提高淡水产品精深加工和高效利用产品的比例；实现水产品加工的自动化、智能化、信息化、品牌化。发展种类齐全、功能完备、技术先进的水产品现代冷链物流体系。

在水产品加工方面，重点研究开发新捕捞对象，加工制成优质鱼粉、鱼片、鱼糜、模拟食品和调味品等。低值水产品的加工要在加大传统水产食品开发力度的基础上，大量开发精制食用鲜鱼浆，进而以鲜鱼浆为原料生产风味鱼丸、鱼卷、鱼饼、鱼香肠、鱼点心等各式方便食品、微波食品及色香味俱佳的高档人造蟹肉、贝肉、鱼翅、鱼子等合成水产食品，提高低值产品的综合利用率和附加值。

在淡水鱼加工方面，要按照"一保鲜、二保活、三加工"的原则，销售以活、鲜产品为主，在冰鲜和冷冻的条件下，逐步发展分割、切片加工，抓好鱼糜、鱼片以及新型盐干品、熏制品、调味制品的开发，综合加工开发利用不可食部分，提高附加值。

在贝类加工方面，主要是搞好保活、净化和消毒工作，并进行多样化开发，如贝类调味品、干制品、熏制品和软包装罐头等食品以及人体和动物钙源食品等。

四、休闲渔业的发展

西方许多国家对休闲渔业的理解主要是建立在与商业渔业区分的基础上，并认为，休闲渔业是指不以渔获物获利的渔业捕捞行为。这种界定是因为西方国家的休闲渔业类型相对单调、范围比较狭窄，主要是以各种形式的钓鱼活动为主。我国对休闲渔业的定义比较多样化，更加强调休闲渔业的旅游娱乐作用，最为广泛传播的是中国台湾地区著名经济学家江荣吉教授对休闲渔业下的定义，他认为，休闲渔业就是利用渔村设备、渔村空间、渔法渔具、渔业经营活动、自然生物、渔业自然环境及渔村人文资源，经过规划设计，以发挥渔业和渔村休闲旅游上的功能，增进国人对渔村与渔业之体验。此后，虽然对休闲渔业也有些不同的定义，但是都没有能超越江教授给出的定义。

休闲渔业的关键词是渔业，休闲作为渔业的形容词，是起到描述或限定渔业内涵作用的修饰词汇。休闲活动要建立在渔业资源的基础上才能称为休闲渔业，它可以是渔业捕捞生产体验，也可以是鱼鲜品尝、娱乐休闲，渔业资源旅游、渔村观光等。西方发达国家的休闲渔业发展无疑是成功的，适合西方国家现阶段国情的，但是这种以游钓业为主的休闲渔业范围过于狭窄，某种意义上局限了对休闲渔业的界定。因此本书认为，除了游钓业、旅游渔业，也应该包括观赏渔业、水族馆等其他与水生动植物、渔业、渔村、渔民相关的休闲娱乐活动，以及由此产生形成的行业和产业都可列入休闲渔业的范畴。

（一）开发休闲渔业的重要价值

休闲渔业作为现代渔业的一种重要模式，它兼顾渔业资源与旅游资源，实现了第一产业与第三产业的有机结合，有利于资源的优化配置和可持续发展。休闲渔业不仅提供有形产品，同时也为人们提供精神享受，有十分广阔的发展前景。

1.投资少，收益快

传统渔业发展陷入瓶颈，渔业转型迫在眉睫。其中，如何合理安排众多渔船渔民转产转业，是一个亟待解决的重大问题。养殖业和水产加工业无疑是比较好的选择，但养殖业的过度发展已经带来一些环境问题，加工业也让一向原本无拘无束的渔民不太适应。休闲渔业相对来说入门比较简单，形式丰富多样，先期投入较少，一艘船、一张网、一间民居……就可以开始休闲渔业经营，为渔民转产转业提供了便利条件。渔民利用已有的渔业场地、渔具，加上一些辅助性服务，成本比较有限，却能较快收回成本，创造利润。

2.属于绿色产业，能实现可持续发展

休闲渔业作为第三产业，对自然环境污染少，一般所产生的垃圾都是生活垃圾，处理简单对渔业资源的消耗较少，有利于保护渔业资源，对环境的污染小，是一项绿色产业。

3.具有联动效果，可以带动流域沿岸农村全面发展

休闲渔业场所的建立，吸引游客吃、住、行、游、购等一系列活动，为渔村的经济带来无限商机。渔民看到休闲渔业的高效益，产生了积极反应，纷纷转产至休闲渔业，一部分人由此提高了收入。这不但有效解决了渔民转产难、致富难的问题，也激发了渔民的环保意识，随着休闲渔业产业的发展，业内竞争更加激烈，渔民为了吸引更多游客，会主动参与水域环境的保护，美化当地环境，使渔区（村）环境脏、乱、差的

现象大为改观。

（二）休闲渔业和传统渔业的区别

休闲渔业和传统渔业依靠的是相同的场所、资源、条件，但是休闲渔业出自传统渔业、依靠传统渔业又超越传统渔业，它与传统渔业也有着非常大的不同。

1. 属性不同

传统渔业是指开发和利用各种水域，采集、捕捞与养殖各种有经济价值的水生动植物，出售它们得到收益的一种产业。所以传统渔业属于第一产业的范畴。休闲渔业把现代休闲产业融入到传统渔业中，以旅游观光、垂钓运动、休闲娱乐、品鲜购物、体验渔家文化风情和观赏鱼类等为主要内容。相比传统渔业，休闲渔业既有第一产业的特点，又体现了第三产业的性质，但主体上休闲渔业属于第三产业。

2. 产品不同

传统渔业的产品是各种有经济价值和营养价值的水生动植物，如鱼、虾、蟹、贝类等属于实体产品。休闲渔业利用了渔业资源，但是它能提供给消费者的产品就丰富得多，可以是水产品，可以是服务，可以是一种体验。

3. 经营和消费主体不同

传统渔业的渔获物一般直接或经过不同程度的加工后进入市场进行销售，渔民、养殖户和商贩是它的经营主体，购买渔获物的消费主体是生活必需品购买者，所以它的交易场所大都在传统的消费和生活市场。休闲渔业虽然也有渔获物交易，但那只是其中很小的一部分，更多的是利用渔业资源为消费者或游客提供休闲和娱乐。它的消费主体要少于传统渔业，一般是游客，但是它的经营主体范围较之传统渔业更广，除渔民、养殖户，还包括经营者、服务者等。休闲渔业的市场主要是休闲旅游市场。

4. 社会主体功能不同

鱼肉中含有丰富的动物蛋白，人类食物结构中有 $1/3 \sim 1/2$ 的动物性蛋白来自于水产品。传统渔业的社会主体功能主要是生产者通过水产品的出售，向消费者提供食物与原材料，满足人们的生活和生产需求，同时获得收入。传统渔业所表现的主要功能是经济功能。休闲渔业作为传统渔业的一条新路子，它兼顾利用渔业资源与旅游资源，社会主体功能已经完全不同于传统渔业，它的主要功能是为人们提供休闲和娱乐以达到缓解压力、放松身心、享受生活的目的。而且发展休闲渔业也是为了保护渔业资源，调整渔业结构，促进渔民转业，增加渔民收入具有更高效的社会和生态功能。

（三）我国发展休闲渔业的几种模式

1. 生产经营型

适合一些以渔业生产为主、以垂钓为辅的养殖场。此种经营方式既保证了商品鱼的生产与销售，同时又增加了垂钓带来的收入。

2. 休闲垂钓型

适合专业垂钓园和设施完备的垂钓场。以开展垂钓为主，集游乐、健身、餐饮为一体的休闲渔业，这种生产方式与单纯养殖商品鱼相比，其利润要高出很多。

3. 观光疗养型

适合一些公园、流域等，结合周围旅游景点，实行综合开发，既可垂钓、餐饮，又能观景、避暑，从而达到修身养性、陶冶情操的目的。

4. 展示教育型

指一些水族馆及水产科研基地，以展示流域生物及养殖珍稀新品种为主，集表演、科普教育、观赏娱乐于一体。主要针对儿童和青少年，可使他们开阔眼界、增长知识，增强环境保护意识，从小培养他们热爱大自然、爱护动物的良好习惯。

5. 社区型

指利用社区的闲地、可大可小设置一个或几个垂钓园，包括提供各种附属设施服务。这样既美化了环境，又可作为社区居民活动和交流的场所，有利于居民的身心健康，同时为社区的精神文明建设作贡献。

五、渔业产业化的组织形式和发展策略

渔业产业化是在社会主义市场经济条件下，以国内外市场为导向，以经济效益为中心，围绕区域性渔业资源优势的主导产业，优化组合各种生产要素，依靠科技进步和龙头带动，实现区域化布局、专业化生产、规模化经营、企业化管理、社会化服务形成产加销、贸工渔、贸科教一体化生产经营方式和产业组织形式。

（一）加快渔业产业化进程的意义和作用

1. 有利于生产要素的优化配置，是推动渔业经济增长方式转变的最佳选择

实施渔业产业化经营，通过市场牵龙头，龙头带基地，基地联渔农的方式将市场经营者与生产联合起来，打破产品与消费、生产与流通脱节的局面，使城镇或部门的资金、技术、人才和信息等流向渔业产业，与渔业资源劳动力等生产要素合理组合，把分散的渔农纳入社会生产、大市场之中。实现小生产与大市场的对接，对生产加工、

销售实行一条龙的决策和管理，突破家庭经营的局限和区域壁垒，使渔农进入一个较稳定的系统，从而发挥规模优势，推动科技与经济的结合，优化生产力的基本要素，改进生产工具，改良品种结构，提高劳动质量，使产品有批量、有质量、有规格，增强渔业产业的持续发展能力，形成较强的竞争力。

2. 渔业产业化是优化渔业产业结构的有效途径

渔业产业化的发展，促进了主导产业和产品的发展，带动了渔业产业结构的优化调整，打破了单一捕捞和单一养殖的旧格局，形成了以加工为龙头，多品种养殖、多区域捕捞、深层次加工、多种资源协同开发，一、二、三产业均衡发展的新态势。

3. 渔业产业化是推动乌江流域渔业由弱质低效向强质高效产业转化的重要措施

渔业产业化的发展，将重新调整和优化渔业产业结构，发展优质高效渔业，提高渔业产业素质，通过发展水产品加工业、运销业、服务业等把三次产业融为一体，延长了渔业生产链，形成了产业内部的互补机制，使渔业可以分享到一、二、三产业的利润，提高了整体产业的比较利润。

4. 渔业产业化是提高渔业科技含量的内在要求

渔业产业化的发展，集渔科教于一体，科技进步的推广力度大大增强，科技因子的作用充分发挥，促进了渔业科技水平的提高，加快了传统渔业向现代渔业的转变，大幅度提高了渔业初级产品和精深加工产品的质量和档次，加速了潜在的科技生产力转化为现实生产力的进程。渔业产业一体化和渔科教一体化的协同优势，全面提高了水产品的科技含量，加快了渔业生产升级转型。

（二）目前渔业产业化已形成的主要特点

一是产前、产中和产后各个环节有机地连接起来，形成了完整的产业系统和产业链；二是通过龙头企业的带动，把分散的家庭小生产纳入了社会化大生产的轨道，提高了海洋渔业生产的社会化程度和组织化程度；三是小规模经营与大市场的连接，促进了生产要素的优化组合和合理配置，使产业结构和产品结构不断优化；四是推动了渔业的体制改革，各渔区努力尝试运用现代企业的管理办法组织渔业生产经营，建立了合理的利益分配机制。

由于我国渔业仍处于产业化经营的发展阶段，中国与发达国家相比还有一定的差距，还存在着渔农业户小规模、分散经营，流域内渔业龙头企业偏少，渔业建设支撑体系滞后，水产加工总体水平不高等问题。经过十多年的探索，在渔业产业化的实践基础上，我国渔村已经摸索出了多种渔业产业化模式，为了在全国范围内科学、有效和稳步地推进渔业产业化，有必要对现有的渔业产业化模式加以分析和探讨，在此基础上进一步探索适合乌江流域实际情况的渔业产业化发展的新模式。

（三）渔业产业化的组织形式

实施渔业产业化，实质上就是将渔业生产、加工、销售等环节有机结合起来，通过市场牵龙头、龙头带基地、基地联农户的形式，促进生产区域化、规模化、专业化、管理规范化、服务社会化，把无序的贸工渔种养、加产加销等行业有序地融为一体的经营体制。

1. 龙头企业带动型

这种模式是以水产品加工、冷藏、运销企业为龙头，围绕一项产业或产品，形成"公司＋基地＋农户"的产加销一体化经营，采用契约、股份制等形式与渔户形成利益联系，分为龙头加工企业带动型和龙头经销企业带动型。

推进渔业产业化，引导渔民进入市场，龙头企业的带动能力大小直接影响着渔业产业化经营的规模和成效。因为龙头企业是渔业产业化链条上与市场对接最紧密而又能起主导作用的一个重要环节，是上联市场下联农户的枢纽。它可以根据市场需要配置渔业资源，引导生产要素合理流动；还可以将渔民产品集中起来，通过多层次加工，实现大幅度增值，甚至变废为宝，不仅从量上形成较大规模，从质上也改变了水产品的原始形态，适应了日益提高的消费水平。

以龙头企业为载体打入国内外市场，通过储藏、保鲜、加工转换，可调节需求品种的变化和需求层次的变化，提高水产品的市场竞争力，还可形成可观的批量和持续输出量，使之具有更大的市场占有率。更重要的是龙头企业具有促进渔业技术的普及和提高的作用，它可以通过加工这个环节，采用新工艺流程、新技术，提高产品科技含量，提高附加值；通过科技服务的功能，解决技术难题，从而使渔户小生产跃上一个新台阶。这种模式要求水产品不易变质、便于储运、加工深度大、增值率高；龙头企业要有一定的资金投入、一定的技术、一定的规模还要求经销龙头企业有丰富的市场经验，有进入国内外市场的良好渠道。它只适用于经济较发达地区和交通便利、易吸收外资的渔业区域。这种模式的企业，经济实力较强，经营规模较大，科技含量较高，新产品较多，产业链较长，具有较强的吸引、凝聚和辐射能力，能起到上接国内外市场，下联水产基地，并串联广大生产经营单位的作用。

2. 主导产业带动型

这种渔业产业化模式从利用当地资源、发展传统产品入手，形成区域性主导产业。

从"名、优、特、新"产品的开发入手，对那些资源优势最突出、经济优势最明显、生产优势较稳定的项目，重点培养，加快发展，形成新的支柱产业，围绕主导产业发展产加销一体化经营。

主导产业也称主导增长产业，是指那些能够迅速和有效地吸收创新成果，对其他产业的发展有着广泛的影响，能满足不断增长的市场需求，并由此而获得较高的和持续的发展速度的产业。这种模式有利于提高渔业比较利益，改变渔业弱势地位，增加渔业投入，为渔业经济增长方式转变提供物质基础。能够打破一、二、三产业的分工界限，渔民自己生产、加工、销售，实现了渔业利润最大化。正确确立主导产业，可以在稳定传统产业的基础上，积极发展新兴产业，实现渔业的产业升级，整体提高渔业的价值水平。可以因地制宜，发挥区域化比较优势，适应市场需求，发展适销对路的产业和产品，改变过去一味提高资源利用量的做法，着重提高资源利用率，从而优化农业结构。

这种形式的生产经营方式是把开发资源与建设商品基地结合起来，用商品基地把千家万户组织起来，通过开发一片资源，建成一个商品基地，培植一个主导产品，来带动一方经济发展，致富一方百姓。

3. 市场带动型

这种模式是通过培育水产品市场，特别是专业批发市场，带动区域化生产和产加销一体化经营。专业批发市场作为经济实体，通过对渔业产前、产中、产后服务，包括提供市场信息、优良苗种和渔用生产资料、生产技术服务等，可以引导所在地区的渔户按照市场需要调整产业结构，及时提供质量合格、数量足够的水产品。

通过建立形式多样的市场，为渔民产销见面提供商品交易的场所，可以达到"建一个市场，活一片经济，富一方群众"的目的。市场的培育、发展，解决了水产品的流向问题，推动了渔业的规模化生产，使渔业的最终产品、各种中间产品、劳务和消费品以及各种海洋渔业生产要素进入市场，从而提高渔民的市场意识，提高水产品的商品率，提高渔业商品化的程度。

该模式适合于渔户投资少、经济发展水平较低的地区，它要求有计划、有组织、有胆识、有统一市场。但多年来在计划经济体制下进行劳作的渔民，进入市场后，又陷入了有主权、无主张的困惑。由于各类市场与渔民之间在利益上的松散结合，市场价格的风险主要由渔民承担，加上市场体系不完善，地方割据现象还很严重，市场容量小、专业化程度低、辐射面窄、要素市场发育滞后等，渔民很难获得较为全面和真实的信息,从而使渔民生产具有很大的盲目性。因此,地方政府必须在收集市场信息、开拓销路、规范交易规则等方面,为渔民多做排忧解难工作。

4. 中介组织带动型

这种模式是根据市场需求,以中介组织为依托,实行跨地区联合经营,充分发挥加工企业的联动效应,逐步建成市场占有率高、竞争力强、规模大、生产要素大跨度组合和集生产、加工、销售相连接的一体化企业集团。其核心是各种渔业专业协会、研究会,它们属于自我管理、自我服务、民主决策、分户经营、风险分散、互惠互利的松散型合作组织。如渔民专业合作社、供销社,各种专业技术协会、销售协会等这些协会一般由一个或几个专业大户牵头,或依托国家科技和业务部门中介组织,在信息、资金、技术、销售等方面具有优势,能为渔民的产、供、销提供各种服务,也能为加工、销售企业提供服务。

中介组织带动型模式适用于技术要求比较高的水产养殖业,尤其是在推广新品、新品种、新方法的过程中,这是一种投资低、收益高、渔民得到实惠多的好方法。但目前我国水产品企业从事初加工的较多,从事深加工、精加工的较少;产品一、二次增值的较多,多次增值的较少,产品的科技含量较低。其发展速度快但覆盖面较低,联合的农户十分有限,其他力量介入的多,渔民自己组建的少。各种组织尚未打破区域限制,规模仍然较小,既限制了自身的发展,也未能起到很好的示范性及带动性作用。除以上四种,还有加工出口牵动型及科技进步示范型。前一种是借助于有自行进出口权的龙头企业,把渔业产品直接导向国际市场或通过加工增值后打入国际市场;后一种是依靠科学技术进步和科学管理方法,进行集约化生产,带动和促进区域性水产业的发展。

(四)渔业产业化推进策略

第一是要按照"一个产业、一套班子、一套政策、一套方案、一条线抓到底"的原则,加强领导,制订有力措施,推动渔业产业化的健康发展。一要坚持"管好宏观,放活微观"的指导思想,围绕"开发一个产业,明确一个领导,依托一个单位,组建一支队伍,制订一套实施方案和制度"的原则,改革与渔业产业化相矛盾的各种旧体制,打破地区、行业、部门、所有制等的观念界限,使有关部门在实施渔业产业化中找到位置,积极参与和密切配合,形成"级级有人抓、层层有人管"的良好局面。二要做好产业导向工作,增加渔业资金投入。要本着以渔农投入为主体,财政投入为启动信贷、外贸和社会投入为补充的多渠道、多层次投入体系，建设初期政府在给予资金投入倾斜的基础上，通过产业导向，吸引更多的资金进入渔业生产与流通领域，加大资金投入力度。三要做好利益关系调节。共同的利益是产业化经营赖以生存发展的核心和动力，对渔业产业化经营的各个环节要按市场经济的要求管理，要建立起合理的利益分配机制，本着互利、平等、自愿和渔业工贸各方面兼顾的原则，处理好内部利益分配，建立生产者有利可图，加工经营者利润合理消费者经济划算的风险共担、利益均沾的利益分配机制。

第二是强化龙头企业的建设与管理，使其具有开拓市场、引导生产、深化加工、搞活服务的综合功能作为内联千家万户、外联国内外市场的龙头企业，它的运作能力和牵引力决定着产业化经营的规模和成效。要打破门户之见和条块分割，集中人力、物力、财力，搞好以饲料加工和渔产品加工为重点的龙头企业建设，使之形成经营机制新、技术水平高、规模效益好、市场覆盖广、带动能力强的经济组织。

第三是建立、健全服务体系。要按照"配套、有效、及时"的要求，从抓基础设施建设入手，加强组织机构和重点服务设施建设，形成龙头企业与各相关部门及乡、村服务组织相结合，上下配套的社会服务网络，做到产前提供信息，做好规划和统一提供良种饲料等生产资料，产中提供及时有效的技术指导，产后统一收购、加工、储运等，提高渔农适应市场、驾驭市场的能力。

第四是发挥资源优势，突出特色，建设连片商品生产基地，推动主导产业尽快上规模，上效益，形成一乡一业，一村一品的经济发展新格局渔业产业化实质是一个优化渔业生产内部结构，重点培育发展名特优新产品的过程。要根据资源优势，采取定向投入，定向服务，定向收购的方式，在自愿、平等互利的前提下实行合同化管理，用法律和利益的链条紧紧把渔农与企业的利益联结在一起，扶持农户大力发展适度规模经营，走"一户带一村，一村带一片，一片成基地"的建设路子，因地制宜把发展潜力大、市场前景好、竞争力强、生产又具有一定规模的项目，通过资金、技术、物资的重点建设，使其在短期内得以升级上档，形成区域规模化生产。

第三节 生态渔业可持续发展战略

一、渔业资源管理现状

（一）渔业管理的主要措施与效果

自 20 世纪 70 年代末开始，渔业管理逐步从重点发展生产，提高捕捞产量转向全面的现代化综合管理，并为此采取了一系列的措施。

1. 法制管理与机构建设

在渔业管理方面，1979 年 2 月，国务院颁布了《水产资源繁殖保护条例》，随后，1986 年《中华人民共和国渔业法》正式实施。在防止污染，保护水生动植物方面，国家也先后颁布实施了《中华人民共和国环境保护法》《中华人民共和国野生动物保护法》《中华人民共和国水生野生动物保护实施条例》等法律法规。这些法律法规的颁布实施，为渔业发展建立了有力的法律基础，使渔业管理在法制的轨道上运行。

2. 采取各种措施，保护渔业资源

（1）控制捕捞强度。捕捞强度过大是南渔业资源衰退、渔业效益下降的主要原因，提高渔业效益的根本出路在于降低捕捞强度。降低捕捞强度可以通过控制渔获量和捕捞作业量来达到，但是控制渔获量的执行有一定的难度。由于乌江流域渔业资源种类繁多、渔具和渔法多种多样、小型渔船数量大、渔获销售分散，对捕捞渔船和渔获量的监控存在很大的困难，但是渔获量是通过投入一定的捕捞量来获得的，因此可以通过控制捕捞作业量来限制渔获量。具体的限制措施有控制船数、渔船大小和性能、渔具、作业时间，实行捕捞许可制度等。

实施捕捞许可制度，国务院《水产资源繁殖保护条例》颁布后，1980 年国家正式建立渔业许可制度，凡从事渔业生产的，必须向渔收管理部门申请渔业许可证后方准进行生产。1987 年国家对近海捕捞渔船实行指标控制，"八五"以后，经国务院同意，国家开始对捕捞渔船实行捕捞渔船船数和功率双控制。渔业管理部门虽然每年都限制发证的数量，但渔船的数量仍持续增加，同时由于管理措施跟不上，无证造船、无证捕捞的现象仍未得到遏制。因此，在严格执行捕捞许可制度的基础上，逐步减少现有渔船的数量，引导渔民向非捕捞业转移。

（2）设立禁渔区、禁渔期、水产资源自然保护区。禁渔区、禁渔期、水产资源自然保护区是保护渔业资源的有效措施，这些传统的渔业管理措施为世界各国普遍采用。1979年实行《水产资源繁殖保护条例》以来，在部分地区已设立许多禁渔区、禁渔期和水产资源自然保护区。

（3）实行伏季休渔制度。实行渔船捕捞许可制度、划定禁渔区线、设立幼鱼幼虾保护区等措施都没有从根本上扭转渔业资源衰退的趋势。因此部分地区实施伏季休渔制度，规定在每年的6—7月实行两个月的休渔。休渔期间，除刺钓、笼捕以外的所有捕捞作业禁止。休渔制度的实施可以达到以下目的：通过某一段时间的禁渔，减小过大的捕捞压力；禁渔过后渔业资源会有所增加，可以提高单位捕捞力量的捕捞效率；保护产卵亲鱼，促进鱼类资源的恢复；提高鱼卵、仔鱼、稚鱼的存活率。

伏季休渔制度的实施对减轻捕捞强度，特别是减轻对幼鱼的捕捞压力，延长幼鱼生长期起到明显的作用。如广东和广西两省休渔后的8—9月各种作业的单产和总产比没有休渔的1998年同期均有明显的增长；鱼汛持续时间也有所延长，捕捞业经济效益也有显著的提高。但由于现行的伏季休渔制度是基于我国国情和当前渔业管理的现状而设定的，因而不论是休渔制度本身，还是休渔的管理，都存在一些问题。如休渔的成果难以巩固，休渔结束时万船齐发的壮观景象使刚刚得到恢复的资源很快便在开捕后的几个月内就消失殆尽，无限量扩大网具数量和长度使非休作业渔船的捕捞强度成倍扩大等。这些都有待于今后进一步加以改进和完善。

（4）实行采捕规格和网目尺寸的限制。任何一种鱼都有一个最合适的开捕体长，开捕体长决定所考虑的因素为从某一年龄开捕可以获得最大的产量，或者捕捞不会影响补充，即捕捞对鱼的繁殖影响最小。确定最适合开捕年龄后，可根据网具对各种鱼大小的选择性决定网目的大小。最小规格的限定能促使渔民使用网目尺寸更大、选择性较好的渔具渔法。但由于资源衰退导致渔船产量和经济效益的下降，渔民为了维持生计采用了更小的网目来捕捞个体较小的鱼类以增加产量，目前的网目大小普遍低于国家规定的标准，这对渔业资源造成很大的破坏。

（5）禁止破坏性的渔法。有些捕捞方法不仅对成鱼杀伤力很大，对幼鱼更具破坏性，如用炸药炸鱼、毒鱼和电鱼等渔法，这些渔法甚至可以将特定区域内水生生物灭绝，对该水域的生态造成灾难，因此这些渔法必须彻底禁止。

例如20世纪60年代采用敲罟作业法来捕捞大黄鱼，虽然大大提高了产量，但后来实践证明是破坏性的渔法。

（二）渔业发展中存在的问题

1. 捕捞强度过大，渔具渔法不规范，作业结构不合理

（1）捕捞强度过大，且大部分集中于近海。捕捞强度通常包括了捕捞渔船（尤其是机动渔船）、渔具和劳动力三方面，目前捕捞强度过大主要表现在捕捞渔船的数量、吨位和功率上。

渔具渔法不断更新改造，渔具种类多种多样，由于资源衰退导致渔船产量和经济效益的下降，渔民为了维持生计不得不采用更小的网目来捕捞个体较小的鱼类以增加产量，造成了恶性循环。另外，大多数网囊网线较粗，有的使用双线编织，有的则是双层网衣，致使这些网囊在拖曳张力作用下网目张开减小，随着拖速增大，网目趋于近乎合拢状态，幼鱼难以逃逸。有的小拖网网目仅 15 毫米，不但捕获了大量的幼鱼，还兼捕了不少的底栖生物，对渔业资源的破坏性更大。

灯光围网取鱼的网目大小在 30 毫米以下，最小才 10 毫米；小型灯光围网的网目大小范围为 6.5 ~ 15 毫米；张网网囊网目尺寸为 10 ~ 20 毫米，多数为 15 毫米，最小的只有 8 毫米；还有一些小型渔具，包括地拉网、敷网、陷阱掩罩等。以上网具都是以捕捞小鱼或幼鱼为主，对渔业资源的破坏性极大。随着水产养殖业的迅猛发展，小幼鱼等下杂鱼作为饵料的需求量大增，为以捕捞小鱼、幼鱼等为主的捕捞作业提供了市场基础，其发展的前景令人担忧。

刺网也在不断改进发展。以作业方式分，刺网有定置刺网、漂流刺网、包围刺网和拖曳刺网；按作业水层分，有表层刺网、中层刺网和底层刺网。目前，刺网的分布使用十分普遍。随着作业范围和船舶功率的不断加大，刺网的作业网长也急剧增大，有些刺网放网长度长达数十千米，刺网网目尺寸也越来越小。同时，通过多重刺网的形式，大大提高了刺网的捕捞能力，对渔业资源构成强大的压力。

（2）拖网作业破坏海底环境。底拖网中往往装配较重的沉网使其沉下河底甚至插入泥中，以捕获底层鱼类或其他底栖生物等。尤其是虾拖网除了使用较小的网目和沉重的沉纲外，网口还装配有铁链（惊虾链），在拖虾过程中横扫河流底部，把粗糙不平的底部夷为平地。这样高密度、长期性的扫荡式拖曳可以把河流的底部践踏得面目全非，这不仅破坏了底层鱼类的生存和繁殖条件，而且严重破坏了流域环境和生态平衡。

2. 环境受到污染，渔业生态遭受破坏

20 世纪 90 年代以后，随着社会经济的快速发展，乌江流域环境发生了很大变化。

大量的陆源污染物排放入河流，水坝工程鳞次栉比，沿岸生态不断受到蚕食，渔业生态遭受很大的破坏。

由于流域内生态环境的退化和消失，生物种群、种类遭到不同程度的损害，有些发生性状变化，有些种群结构发生改变，有些则消失不见了，经济鱼类资源出现全面衰退，因此导致经济鱼类物种遗传多样性呈下降趋势。

由于大规模的养殖业的迅猛发展，养殖流域的生态环境发生显著改变，养殖的废水造成河水有机物污染和富营养化；大量采捕饵料生物，使部分滩涂贝类大量减少，破坏了正常的食物链关系；捕捞亲虾而兼捕大量幼鱼，破坏了鱼类资源；大面积的养殖明显改变了生物群落结构，生物种类趋于单一性，降低了流域内的生物多样性等。同时，由于大量流域开发工程存在无度、无序、无偿的"三无"状况，沿岸滩涂被大量非法占用，破坏了渔业资源的产卵繁殖场所，进一步加剧了流域生态环境的恶化，一些流域周边城市潮湿滩地几乎消失殆尽。

3. 违法作业屡禁不止，禁渔区线作用日渐势微

由于渔业资源日渐衰退，渔捞成本不断上升，加上乌江流域的水域广阔，执法力量薄弱，渔船违法违规作业屡禁不止，加剧了渔业资源的进一步衰退。

（1）炸鱼、电鱼、毒鱼成屡割不去的毒瘤，长期恶化渔业生产环境。炸鱼、电鱼、毒鱼是多年来渔业执法部门重点打击的违法作业，但是由于受利益的驱动，这些违法作业却禁而不止。特别是电鱼作业，违规渔船越来越大，手段越来越隐蔽。在一些地方，电鱼作业已经成为传统化、专业化，尽管渔业管理部门反复组织专项打击，但常常打而难绝，不久又死灰复燃。

（2）渔船违反禁渔期、禁捕区规定现象普遍存在。淡水水域是经济鱼类产卵和幼鱼育肥成长的主要场所，为养护这些渔业资源，渔业管理部门在沿岸设立一些幼鱼幼虾繁殖保护区，并规定了相应的禁渔期。这些措施对保护渔业资源起到明显作用，但由于渔船数量的快速增长，执法力量薄弱，在禁渔区、禁渔期进行违规作业的情况仍然普遍存在，大量的底拖网渔船集中在机轮底拖网禁渔区线内违规捕捞。

渔业资源是可再生资源，如果捕捞量超出环境资源可承受量，必然造成渔业资源的衰退。

渔业资源的衰退还表现在渔获物组成上，渔获物小型化，优质鱼的比例下降，幼鱼和低值鱼的比例增加。据费鸿年报道，优质鱼和低值鱼的比例变化为20世纪50年代为8：2，60年代为6：4，70年代为4：6，80年代为2：8，渔获质量越来越差，导致了经济效益的下降。

二、渔业资源管理的目标

渔业管理的目标应同时考虑到社会经济和生态的效益，具体考虑的因素有最大限度减少渔业资源衰退的同时保持最高产量；从一种渔业中获得最高的经济收益和最大的社会效益，保证渔民能持续进行渔业生产；减少兼捕渔获物和对鱼类栖息环境的破坏；维持流域的生态平衡等。目前国内外渔业管理的实践中，渔业管理目标主要有三大类，即最大持续产量（MSY）、最大经济产量（MEY）、最适持续产量（OSY）。

（一）最大持续产量（MSY）

MSY 是指在不损害资源的再生产能力的情况下，可长久持续获得的最高年渔获量 MSY 一般通过产量模型来估算，也可以用近似法求得。在渔业管理中，通常以 SChaefer 模型来估算最大持续产量。

MSY 概念存在着不少争议。首先是其理论上的缺陷，MSY 值是假定水产资源群体在环境和捕捞活动中保持平衡，但在许多事例中这种平衡很难达到，特别是对某些中上层鱼类；当一个渔场中有若干种生态关系密切的鱼类同时被捕捞时，要使每一种鱼类的产量都达到最大是不大可能的，此时的产量很难计算。其次是从经济上的考虑，MSY 只考虑到渔业开发的产量，完全忽视了开发的成本，MSY 管理在实践中并不能保证获得最佳经济效益，而任何经济活动必须考虑到效益的问题。尽管 MSY 管理目标存在着许多不足之处，但还是在许多发展中国家得到广泛重视。因为在发展中国家，首要任务是如何满足人民的食品需求和赚取更多的外汇，而 MSY 概念在充分发挥渔业资源种群的生产潜力的同时，也符合资源保护的要求。

（二）最大经济产量（MEY）

出于 MEY 概念只考虑了输出量的大小，而忽略了投入量的问题。因此，后来又提出最大经济产量（MEY）的概念，定义为在渔获物总值和用于捕捞该渔获物的成本之间产生最大差值时的产量。MEY 特别强调减少投入量和增加输出量的问题，较之 MSY 作为渔业管理目标有了很大的进步，但是也有局限性。MEY 管理目标只有在利用资源的各方面，如国家、地区等的经济、资源和渔获物价值间的平衡差异较小时才能体现出其优越性，否则各国或地区根据自己的实际情况将会得出不同的 MEY 值，管理目标就很难达到。而且由于渔产品和渔需品价格的变动 MEY 也随之而不断变化。

（三）最适持续产量（OSY）

到 20 世纪 70 年代，渔业专家们提出渔业管理的任务除了提供食品、就业、收入等经济性任务外，还有维持生态平衡的任务。渔业管理的范围更加广泛，进一步考虑到短期利益和长期利益之间的平衡问题。为此引入了最适持续产量的管理目标，即是综合考虑了生物的经济价值、社会价值和政治价值，使某特定的鱼类种群对社会产生最大的利益。最适持续产量（OSY）是个动态的概念，"最适"可能随时间而变化。实际上，生物的、经济的、社会的和政治的价值往往不可能同时都是最适，有时甚至是相对立的，比如从经济角度看，渔业在某点是"最适的"，但从就业的角度来考虑这一点不一定是最适的。问题在于如何综合考虑，考虑的侧重点在哪方面，例如说是经济效益还是就业人数。

（四）总许可渔获量（TAC）

除了以上的 MSY、MEY、OSY 的管理目标外，许多发达国家还实行了总许可渔获量，缩写为 TAC 的制度。TAC 是在一个给定的捕捞时间内（一年或鱼汛），综合平衡生物、经济社会和政治的利益，制订一种或多种资源能捕捞的总渔获量，再把总渔获量分成若干份，配额给生产者，生产者只能根据所得的配额，在一定的时间、地点进行捕捞。最大允许渔获量将由生物学家、经济学家、渔民、渔业管理人员等讨论确定，尽量平衡生态、经济和社会等各方面的利益，从而达到可持续利用的目的。目前 MSY 概念显然已不合时宜，我国正在建立和完善社会主义市场经济体系，社会正由温饱型向小康型过渡，渔业活动是一种经济行为，得到可持续产量的同时，必须考虑经济的效益。

在当前的形势下乌江流域区应借鉴其他生态渔业发展较好的地区的经验，实行限额捕捞制度。限额捕捞是大部分地区普遍适用的渔业管理制度，我国新的《渔业法》也规定了我国将逐步实行限额捕捞制度，新《渔业法》规定："国家根据捕捞量低于渔业资源增长量的原则，确定渔业资源的总捕捞量，实行限额捕捞制度。组织渔业资源的调整和评价，为实行限额捕捞制度提供科学依据。限额捕捞制度极大依赖于对渔获量的统计和实时监控，比较适合于中高纬度水域渔业种类较为单一的商业化捕捞的管理。而乌江流域的渔业种类繁多，渔具渔法也多种多样，小型渔船的数量占了很大比例，渔获物上岸点较为分散，加上管理能力不足，对捕捞渔船和渔获量的监控存在很大困难。近期内可以通过控制捕捞作业力量来达到控制渔获量，以使资源得到适度利用，具体措施可包括缩减渔船数量、限定各类渔船的作业时间、在统一时间内定期休渔、调整作业结构和放大网目尺寸等，而对一些作业方式和渔获组成比较单一的渔业，可以实行渔获量限额。通过对这些渔业的渔获量限额试行，积累和总结经验，逐步扩大限额捕捞的对象，最终在整个乌江流域实现科学捕捞。

三、乌江流域渔业可持续发展对策

（一）渔业资源恢复和可持续利用

1. 降低捕捞强度

捕捞强度过大是渔业资源衰退、捕捞业效益下降的主要原因，提高捕捞业效益的根本出路在于采取多种措施降低捕捞强度，恢复并合理利用渔业资源。目前虽然已实行了捕捞许可制度，但许可证的发放仍按现有渔船数量进行，基本上还不能顾及当前的渔业资源状况；渔业管理部门为控制捕捞能力的增长，每年都限定发证数量，但近年来渔船数量仍持续增加，同时由于管理措施跟不上，无证造船、无证捕捞的现象仍未得到遏制。因此政府应在严格执行捕捞许可制度的基础上，制订相关措施减少捕捞渔船数量。

伏季休渔作为近期内我国采取的重大渔业管理措施。休渔对保护渔业资源、提高捕捞业效益有着重要的作用，是一项适合现阶段渔业管理水平的渔业管理措施。伏季休渔虽然取得很大的成效，但休渔带来资源好转的成果在开捕后的几个月内就被巨大的捕捞强度所吞噬，因此，休渔措施还不能从根本上解决渔业资源衰退所带来的问题，只是使这些问题暂时有所缓解，根本的措施还是要通过各种方法降低捕捞强度。

2. 调整捕捞作业结构

应合理调整捕捞结构和捕捞布局。捕捞结构和捕捞布局调整是一个庞大的系统工程，涉及社会稳定、渔区经济发展和渔民生计等社会问题，因此捕捞结构和捕捞布局调整的目标，应有利于新体制下受到冲击的渔民的出路安置，有利于以捕捞业为生计的渔民脱贫致富，有利于消除渔区社会安定和生产安全隐患，有利于控制捕捞作业量使之与资源可捕潜力相适应。目前，乌江流域渔业的矛盾主要是捕捞强度与渔业资源可承载力的不相适应，对目前不合理的作业结构应进行调整，主要任务是减少在捕鱼作业时对幼鱼损害较严重的底拖网和张网作业底拖网，除各种底层种类外，中上层种类的渔获也占有一定比例，与其他作业类型的捕捞存在诸多重叠，部分底拖网的捕捞能力可以也应该由选择性更好的其他作业类型所取代，对张网作业应严格执行禁渔期制度并限制其发展。应制订相关政策鼓励使用选择性较好的刺钓作业以及利用中上层类为主的围网作业。

3. 加强禁渔区、禁渔期和渔具渔法管理

禁渔区、禁渔期是保护渔业资源的有效措施，这些传统的渔业管理措施为世界各渔业国家所普遍采用。但禁渔区、禁渔期对保护幼鱼、产卵亲鱼和缓解沿岸小型渔业和底拖网渔业的冲突等方面起到明显作用，这些传统的渔业管理措施应该得到切实的执行。对于电鱼、炸鱼、毒鱼等严重破坏渔业资源的行为应依法惩处。此外，对于使用加装滚轮的底拖网在粗糙河底进行捕捞和用岸边密网杂渔具捕捞小杂鱼等破坏资源和环境的行为应立法管制。

4. 实行采捕规格和网目尺寸的限制

休渔制度的实施对减少幼鱼捕捞、延长幼鱼生长期起到明显作用，但休渔期结束后大多数经济鱼类仍处幼鱼阶段，由于网渔具的网目尺寸偏小，渔获物以经济鱼类的幼鱼为主，在很大程度上破坏了休渔所取得的成果。因此，休渔措施还必须辅以网目尺寸和可捕规格的限制。任何一种鱼类都有最合适开捕规格，从最适开捕规格开始进行捕捞可以在获得最大产量的同时减少对资源的不良影响。渔业管理部门早有关于拖网网囊最小网口尺寸和主要经济鱼类最小可捕规格的规定，虽然所有可捕规格明显偏小，但实际上也没有实行，这种局面应该改变。

近年来，根据历史数据和1997年以来收集的鱼类生物学资料，运用长度频率法估算了乌江流域十多种主要经济鱼类的生长和死亡参数，并通过建立动态综合模式，分析各鱼种的资源状况和合理利用对策。研究结果表明，当前的主要捕捞对象可以受较大的捕捞强度，资源利用的不合理之处主要在于开捕规格太小，即大量捕捞1龄以内的经济鱼类幼鱼；在不减少捕捞作业渔船、保持现有捕捞强度的情况下，通过推迟经济鱼类的开捕年龄，能够明显地提高产量和渔获质量，并使资源的利用状况趋于合理。为了减少对经济鱼类幼鱼的捕捞，应严格禁止区内的违规作业，并对所有捕捞作业类型实施最小网目尺寸或最小可捕规格限制。

最小网目尺寸和可捕规格的执行以渔港码头检查渔具、流通渠道检查渔获物为主的方式进行，这与禁渔区的海上执法相比，成本更低、更易实行，在管理能力不足的情况下可作为主要的执法手段；最小可捕规格的限定能促使渔民使用网目尺寸较大、选择性较好的渔具渔法。因此，渔业管理部门应尽快重新修订主要经济鱼类的最小可捕规格和底拖网网囊最小网目标准，并通过立法实施。

5. 试行捕捞限额制度

新《渔业法》规定我国将逐步实行捕捞限额制度。限额捕捞是发达国家普遍采用的渔业管理措施，适用于中高纬度水域单种类的商业化捕捞。限额捕捞依赖于对渔获量的实时监控。我国的渔业主要为多种类渔业，渔具渔法多种多样、小型渔船数量大、且渔获上岸分散，加上管理资源不足，对捕捞渔船和渔获量的监控存在很大困难。根据我国渔业资源特点和渔业的实际情况，控制捕捞作业量比控制渔获量更易实行，在近期内主要应通过限定捕捞作业量的方式达到渔业资源的适度利用，具体措施可包括缩减渔船数量、限定各类渔船的作业时间、在统一的时间内进行定期休渔、调整作业结构和放大网目尺寸等。作业量限制在使渔业资源适度利用的同时还可节省捕捞成本，有利于提高经济效益。对一些作业方式和渔获组成比较单一的渔业可以试行渔获量限额，通过对这些渔业试行渔获量限额，总结和积累经验，并逐步扩大限额捕捞管理的对象。

6. 开展专项调查，完善管理保护措施和开拓新的渔场

乌江流域长期以来进行的调查研究，包括渔业资源和渔具渔法调查，侧重点在于主捕对象，而忽视了非目标对象（即副渔获和幼鱼）的渔获比例的调查研究，因此，应开展全区性的幼鱼和副渔获专项调查是十分必要的，这对保护渔业资源具有重大和深远的意义。

7. 发展生态渔业

生态渔业是符合可持续发展的渔业生产方式，它是以态系统内的物质循环和能量转换规律为基础，建立起渔业生产的结构。首先，我们应当重视保护好流域周边的自然环境，对一些特殊的环境应特别保护，并在制造各种鱼类栖息、索饵、繁殖和育肥的良好场所。其次，建立流域区域内生态渔业模式，即要求渔业的研究从单一生物品种的研究，转向区域生态系统内各种生物之间相互影响的研究，建立最佳区域性生态型立体渔业模式。要考虑流域合理规划和品种的布局，然后在养殖方式上，减少养殖密度，重视多品种搭配，兼养、套养、轮养贝类等，充分利用上中下水层，使各营养级次的生物在生长过程中互相利用，组成一个完整的食物链。

（二）转变渔业经济增长方式

目前在乌江流域经济鱼类资源不容乐观，在捕捞作业渔场减小和渔业能力过剩的情况下，除了采取渔业管理措施，恢复和合理利用渔业资源外，还应通过转变现有的生产模式和渔业经济增长方式，实现渔业产值的增加和捕捞渔业劳动力的部分转移。

1. 渔业资源增殖

放流增殖是恢复渔业资源、提高渔业效益、转变渔业经济增长方式的重要途径。在自然环境条件下，水产生物的幼体和仔稚期死亡率非常高，渔业资源增殖的基本原理是将水产生物的早期生活史置于人类的管理之下，使之避过在自然环境中的最高死亡率阶段，从而高效地产生渔业资源补充群体。另外，通过人工手段，可以有选择地增殖生长性能好或经济价值高的种类，有效提高渔业的经济效益。本来渔业资源在自然环境中是能够进行再生产的，但捕捞过度、环境退化和自然环境变动等因素往往使渔业资源的补充群体减少，水域生产力不能充分发挥。通过渔业资源人工增殖可以高效利用水域的生产潜力。

我国以中国对虾种苗放流为代表的资源增殖试验始于 20 世纪 80 年代初，1984 年即开始较大规模的生产性种苗放流和底播增殖。"七五"和"八五"期间，在黄海北部、山东半岛南部就进行了对虾放流增殖。在黄海和渤海，中国对虾、日本对虾和海蜇等的增殖已实施多年；同时，近海潮下带鲍鱼、扇贝、魁蚶的底播增殖也取得较大进展。北方海区在鱼类、贝类的增殖方面有很好的工作基础，如真鲷、梭鱼、牙鲆、扇贝、鲍和海参等均能实现批量人工育苗。东海区已实施人工增殖放流的种类主要有中国对虾、海蜇、大黄鱼、梭鱼、黑鲷、石斑鱼、青蟹以及贝类等十多个种类，仅浙江省每年的放流数量就达 2 亿尾。在象山港和东吾洋已累计移殖放流中国对虾 24.7 亿尾，回捕产量达到 278 亿。1985—1989 年，渔业部门在南海北部河口和沿海放流多种对虾的人工苗种 5 亿尾使对虾类的总产和单产均有所增加，有的地点以往不曾捕获过这些虾类，放流增殖后出现了虾群。1989 年资源增殖在广东沿海全面推广，放流的主要品种有中国对虾、长毛对虾、墨吉对虾鲍鱼、西施舌、波纹巴非蛤、紫海胆、石斑鱼、真鲷、黑鲷、红笛鲷等。近几年，人工增殖在南海区沿海各地受到重视，每年 6 月 8 日结合伏季休渔开展资源增殖，放流种类增加，规模不断扩大。

20 世纪 80 年代以来，在渤海、黄海、东海开展了大规模的海蜇放流，取得明显效果，回捕率在 0.07% ~ 2.56%。"八五"期间开展了梭鱼、真鲷和黄盖鲽的种苗放流试验，其中梭鱼种苗培育的成活率由 30% 增至 80%，1992 年和 1993 年的回捕率在 0.03% ~ 0.053%，资源数量明显增加。1994 年我国在绥芬河开展了大麻哈种苗移殖放流试验，回捕率为 0.25% 左右，与俄罗斯的回捕率接近（0.3% ~ 0.7%）。1989—1991 年海洋岛虾夷扇贝底播回捕率高达 30%。由于沿海渔业资源衰退，渔获质量下降，近年来渔业资源人工放流增殖受到各级渔业管理部门的重视，2004 年在我国大陆沿海共放流贝类、虾类、蟹类和鱼类等苗种 63 亿尾，资金投入 5995 万元。从 2005 年起，农业部渔业局向国家申请专项补助经费，在各地实施渔业资源增殖和放流效果的跟踪评价，有力地推动了该项事业的发展。

经过近 20 余年的发展，我国已具备全人工培育技术的优质海水种类约有鱼类 48 种、贝类 16 种、虾蟹类 23 种，以及多种其他水产生物，有的已大规模应用于生产，为渔业资源增殖放流的开展提供重要基础。20 世纪 80 年代以来的试验研究和实践也表明渔业资源人工增殖的可行性。

通过对以上实例的分析，作者认为乌江流域渔业部门可以对此进行借鉴，加大投入，推动本地区渔业资源人工增殖的进一步发展；同时，可将渔业资源增殖作为工程建设对渔业资源和渔业生态影响进行生态补偿的重要项目，增加对该项事业的投入。渔业部门应进一步开展渔业资源增殖效果的跟踪评估，以使不断总结经验，提高资源增殖效果；通过试验研究和经验总结，制定人工增殖的总体规划和技术标准，为合理确定增殖的种类、规格和数量提供技术依据；建立资源增殖的质量保证体系，如人工增殖的生态风险评价，增殖种苗数量评、质量检验和健康检疫等。

2. 发展游钓娱乐渔业

渔业的目的不应仅限于获取食物和工业原料，而可以通过发展休闲渔业提高人们的生活质量。由于乌江流域内捕捞能力和渔业劳动力严重过剩，发展游钓娱乐渔业不仅能增加渔业的效益，同时也可使部分渔业船只和劳动力从捕捞业转移出来，反过来又有利于渔业资源的恢复和保护。从世界上游钓业发展最好的美国的情况来看，游钓娱乐业的年产值占其渔业总产值的 1/3，仅游钓娱乐业每年就创造 305 亿美元的经济效益和 35 万个就业岗位，而游钓娱乐业的捕捞量还不到其总捕捞量的 1/10。因此，通过发展游钓娱乐业，转移部分渔船和劳动力，将有助于减少捕捞努力量和安排渔民就业；同时，通过游钓、江河生态旅游，可提高渔业资源的利用效益，并进一步拓展渔业的社会服务功能，成为转变渔业经济增长方式的一个途径。

游钓在我国具有悠久的历史，但一直以来均是达官显贵消遣的一种方式，改革开放以来，特别是近十年经济的稳定快速增长和人民生活水平的提高，使游钓成为普通老百姓能够消费得起的娱乐项目。但受到经济发展水平资金投入和资源开发等诸多因素的制约，我国当前的游钓娱乐业仍在摸索当中，仍难以发展成为一个产业。目前仅仅是极少数淡水养殖场（包括饭店、酒家为了提高营业额而附设的养鱼池塘），一些临江城市的部分江段，以及经济比较发达的少数沿海旅游城市开展游钓或生态旅游，但均属于餐饮、旅游业中极不重要的附带项目，无论从产业规模、创造产值，还是从业人员或消费者人数，当前我国的游钓娱乐仍是远未得到发展的产业。

集休闲消遣和体育运动于一体的游钓业属于一种中档水平消费项目，能否发展起来或形成什么样的规模，系由经济发展水平和消费习惯所决定，同时也与政府的政策引导密不可分。我国现阶段的经济发展和人民生活水平（中高收入者绝对人口数量巨大）已具备了发展游钓业的经济基础；同时，由于渔业资源持续衰退、柴油等渔业生产资料价格提高，从事海洋捕捞业的渔民生产难以为继、生活困难这是调整产业结构、转变增长方式的有利时机。因此，无论是经济基础，基础设施条件，大众消费习惯和产业结构调整的需要，当前已具备了发展游钓娱乐业的条件，目前需要的是政府对这一未来产业的规划和政策引导。

要使游钓业发展成为能够降低捕捞强度和增加渔民就业的产业，需要一定的保障措施。首先是资金投入。我国虽然拥有数量众多渔船，但由于作为生产工具的渔船卫生条件差、缺乏安全保障，难以满足游钓娱乐的要求，不能简单地把渔船转为游钓娱乐船只，需要投入一定资金进行改造，而在当前捕捞业效益下滑、生产难以为继的情况下，需要采取扶持政策，投入渔船改造的专项资金。

其次是作业场所的保障。发展游钓业需要一定的作业场所，就目前的规划情况，无论是天然港湾或是政府投入建造的休闲娱乐区，均没有明确其具体的使用功能，从而使少数地方刚发展的游钓业遇到了作业场所与捕捞生产渔场重叠的问题。因此，地方政府需对现有的渔场游钓业区域进行合理规划，为发展游钓业提供场所。

最后是流域内环境和渔业资源的保障，作为一项中高档消费项目，如果以目前这种受到污染的水域环境和严重衰退的渔业资源作为发展游钓业的基础，肯定是没有足够的吸引力的，这一产业也就没有发展前途。因此，作为保护环境、保护资源责任者的地方政府，需要加大环境与资源的保护，合理布局乌江流域的渔业产业，为游钓业的发展提供良好的渔业生态环境和丰富的渔业资源。

参考文献

陈大刚 .1991. 黄渤海渔业生态学 [M]. 北京：海洋出版社 .

陈大庆，朱峰跃 .2016. 三峡水库生态渔业 [M]. 北京：中国科学技术出版社 .

陈建军 .2002. 畜牧渔业生态建设与监控管理实务全书（第 1 卷）[M]. 北京：世图音像电子出版社 .

陈静娜 .2017. 渔业经济概论 [M]. 北京：海洋出版社 .

陈马康，何光喜，陈来生 .2014. 千岛湖主要支流生态与渔业功能 [M]. 上海：上海科学技术出版社 .

陈新军 .2017. 渔业资源与渔场学（第 2 版）[M]. 北京：海洋出版社 .

郭文 .2016. 渔业技术与健康养殖 [M]. 青岛：中国海洋大学出版社 .

胡传林，黄祥飞 .1991. 保安湖渔业生态和渔业开发技术研究文集 [M]. 北京：科学出版社 .

贾晓平 .2004. 南海渔业生态环境与生物资源的污染效应研究 [M]. 北京：海洋出版社 .

贾晓平 .2012. 南海北部近海渔业资源及其生态系统水平管理策略 [M]. 北京：海洋出版社 .

康斌 .2018. 闽江口生态环境与渔业资源 [M]. 北京：中国农业出版社 .

罗继伦 .1999. 高效益生态渔业模式 35 例 [M]. 北京：中国农业出版社 .

李士豪，屈若搴 .2018. 中国渔业史 [M]. 郑州：河南人民出版社 .

李玉梅 .2015. 养殖畜牧渔业并举 [M]. 汕头：汕头大学出版社 .

刘晴，徐跑 .2011. 渔业环境评价与生态修复 [M]. 北京：海洋出版社 .

皮切尔，哈特 .1986. 渔业生态学 [M]. 钱国桢，等译 . 上海：华东师范大学出版社 .

斯汀格·S·耶塞柳斯，丹麦加斯帕 .2018. 有效的渔业管理 [M]. 北京：中国民主法制出版社 .

水柏年 .2017. 渔业资源调查与评价 [M]. 北京：海洋出版社 .

田建中 .2016. 现代渔业养殖实用技术 [M]. 石家庄：河北科学技术出版社 .

王海华 .2016. 生态渔业 [M]. 北京：中国环境出版社 .

徐仲建 .2017. 政策性渔业互保法律问题研究 [M]. 杭州：浙江大学出版社 .

谢钦铭 .2013. 生态渔业实用技术 [M]. 北京：海洋出版社 .

向建国 .2010. 水库生态渔业实用新技术 [M]. 长沙：湖南科学技术出版社 .

余宁，朱成德 .2000. 过水性湖泊——骆马湖规模化养殖及生态渔业研究 [M]. 北京：中国农业出版社 .

于洪亮 .2017. 渔业船舶防污染 [M]. 大连：大连海事大学出版社 .

于晓利 .2015. 渔业水上安全管理 [M]. 大连：大连海事大学出版社 .

俞存根 .2011. 舟山渔场渔业生态学 [M]. 北京：科学出版社 .

殷名称 .2003. 鱼类生态学用 [M]. 北京：中国农业出版社 .

朱成德 .1997. 漏湖渔业高产模式及生态渔业研究论文集 [M]. 北京：中国农业出版社 .

张崇良，任一平 .2019. 生态模型在渔业研究中的应用 [M]. 北京：中国农业出版社 .

邹磊磊 .2017. 北极渔业及渔业管理与中国应对 [M]. 青岛：中国海洋大学出版社 .